残雪の朝日連峰《あさひれんぽう》が白く輝《かがや》くなか、ブナに上って花芽《はなめ》を食べるツキノワグマ

冬眠《とうみん》を控《ひか》え、畑でソバの実をさかんに食べていたツキノワグマの親子。
はちきれそうなお腹《なか》をした仔《こ》グマは寝《ね》そべって食べ続けていた

朝露《あさつゆ》が陽射《ひざ》しに輝《かがや》くなか、ツキノワグマの親子がソバの落ち穂《ほ》を食べ続ける

晩春《ばんしゅん》のブナ林で、路傍《ろぼう》に生えるヨモギを食べていたツキノワグマ

クマはなぜ人里に出てきたのか

永幡嘉之＝文・写真

旬報社

はじめに

秋の深まった谷間は、淡《あわ》い霧《きり》に包まれています。前夜のうちに山形県から秋田県まで車を走らせ、以前から下見をしていた道路の待避所《たいひじょ》に車を停《と》めて、私《わたし》はできるかぎり物音を立てないよう、寝袋《ねぶくろ》にくるまっていました。2023年10月23日のことです。目が覚めるたび、まだ周囲《しゅうい》が真っ暗なことを確《たし》かめます。やがて空が少しだけ白みはじめ、山の輪郭《りんかく》が浮《う》かび上がってきました。

車の窓《まど》に顔をつけて目を凝《こ》らすと、稲穂《いなほ》が黄色く色づいた水田の形が、暗闇《くらやみ》の谷間に辛《かろ》うじて浮《う》かび上がります。5時30分、向こう側の林から、ひとつの黒い影《かげ》が水田に出てきました。暗闇《くらやみ》のなか、黒い影《かげ》は動いていくのが見えます。双眼《そうがん》鏡でのぞくと、ツキノワグマの耳がはっきりと浮《う》かび上がりました。

夜明けの谷間がしだいに明るくなっていきます。こちらも車の窓枠《まどわく》の陰《かげ》に顔を

夜明けの水田でイネを食べるツキノワグマ（矢印）

隠《かく》し、カメラのレンズの幅《はば》だけ窓《まど》を細く開けて、クマの動きを注視《ちゅうし》します。撮影《さつえい》するにはまだ暗すぎて、不鮮明《ふせんめい》な写真にしかなりませんが、望遠レンズを通してツキノワグマが稲穂《いなほ》からイネの実（コメ）を食べている様子が手に取るように見えます。40分ほどイネを食べたツキノワグマは、再《ふたた》び林のなかに姿《すがた》を消していきました。

少し谷間を下ると、周囲《しゅうい》はまだ霧《きり》に包まれていました。東北地方の内陸部では、秋には毎朝のように霧《きり》が立ち込《こ》めます。霧《きり》が晴れゆくなか、別の水田を見渡《みわた》していると、ここにも黒い影《かげ》がありました。コメを食べていますが、私《わたし》の車に気づき、イネの間に顔を隠《かく》して耳を立てています。クマは食べるのをやめ、ほどなく川沿《ぞ》いに姿《すがた》を消しました。集落はすぐ近くで、クマが姿《すがた》を消した直後に、有線放送から6時半のラジオ体操《たいそう》が流れてきました。100メートルほど離《はな》れた場所には、犬を散歩させているお婆《ばあ》さんの姿《すがた》がありました。

日が射《さ》し込《こ》んで明るくなった7時50分からは、子どもを連れたクマが次々《つぎつぎ》に現《あらわ》

警戒《けいかい》して耳を立てるツキノワグマ

れ、朝の2時間にひとつの集落のまわりだけで、見つけたツキノワグマは実に10個体《こたい》にのぼりました。もっとも、あらかじめ地形を把握《はあく》したうえで、クマが出てきそうな場所を選んで探《さが》していますし、ツキノワグマのほうも人の気配を感じるとすぐに逃《に》げて姿《すがた》を隠《かく》すので、普通《ふつう》に生活している人の目に触《ふ》れることはないでしょう。決して、人から見える場所に堂々《どうどう》と出てきていたわけではありません。

2023年は、東北地方各地でツ

水田脇《わき》の畦《あぜ》に隠《かく》れるツキノワグマ

キノワグマが人の生活圏《けん》に出てくる例が重なり、秋になるとクマに襲《おそ》われて怪我《けが》をしたという人身事故《じこ》のニュースが、連日のようにテレビや新聞で報《ほう》じられました。人身事故《じこ》は秋田県が62件《けん》、岩手県が46件《けん》と突出《とっしゅつ》して多かった一方で、私《わたし》が暮《く》らす山形県では5件《けん》と、例年に比《くら》べて決して多くはありませんでした。私《わたし》もまた山形県で昆虫《こんちゅう》を調べ歩くなかで、ツキノワグマの動向も気にかけてきましたが、秋田県ではクマが人里に出てくるという話が繰《く》り返し伝わってきていた一方で、山形県では姿《すがた》を見る場面は多くはありませんでした。
秋田県ではいったい何が起きているのだろうか。それを確《たし》かめるために、私《わたし》は様子を見に来たのです。

10月17日の午後、池のゲンゴロウ類を調べるために秋田県北部を通った時に、「このあたりなら出てきそうだな」と思う山間の田んぼが目にとまりました。車を停《と》めて刈《か》り入れの遅《おそ》かった水田を見下ろすと、そこから親子のツキノワグマが林に消えていき、近くの田んぼでは畦《あぜ》の陰《かげ》に姿《すがた》を隠《かく》して人が去るのを待っているクマを間近で見ました。午後の明るい時間にも水田に出てきているという話は本当でした。それならば、ツキノワグマが現《あらわ》れやすい早朝の様子も確《たし》かめねばと、仕事を調整して2日間の予定を空けて、夜道をひた走ったのでした。

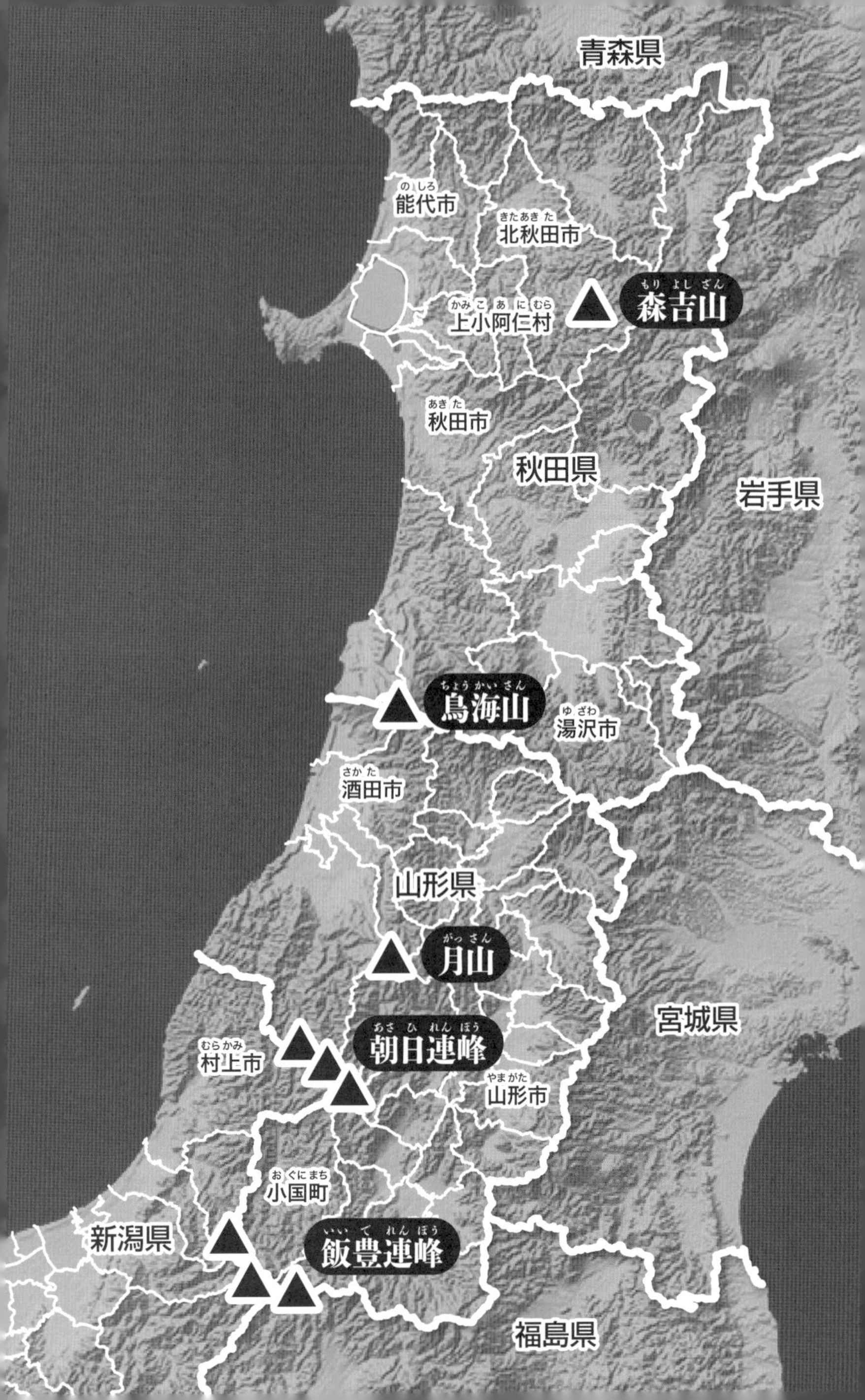
青森県
能代市《のしろ》
北秋田市《きたあきた》
森吉山《もりよしざん》
上小阿仁村《かみこあにむら》
秋田市《あきた》
秋田県
岩手県
鳥海山《ちょうかいさん》
湯沢市《ゆざわ》
酒田市《さかた》
山形県
月山《がっさん》
宮城県
朝日連峰《あさひれんぽう》
村上市《むらかみ》
山形市《やまがた》
小国町《おぐにまち》
新潟県
飯豊連峰《いいてれんぽう》
福島県

［目次］

第1章　秋田県で何が起こっていたのか

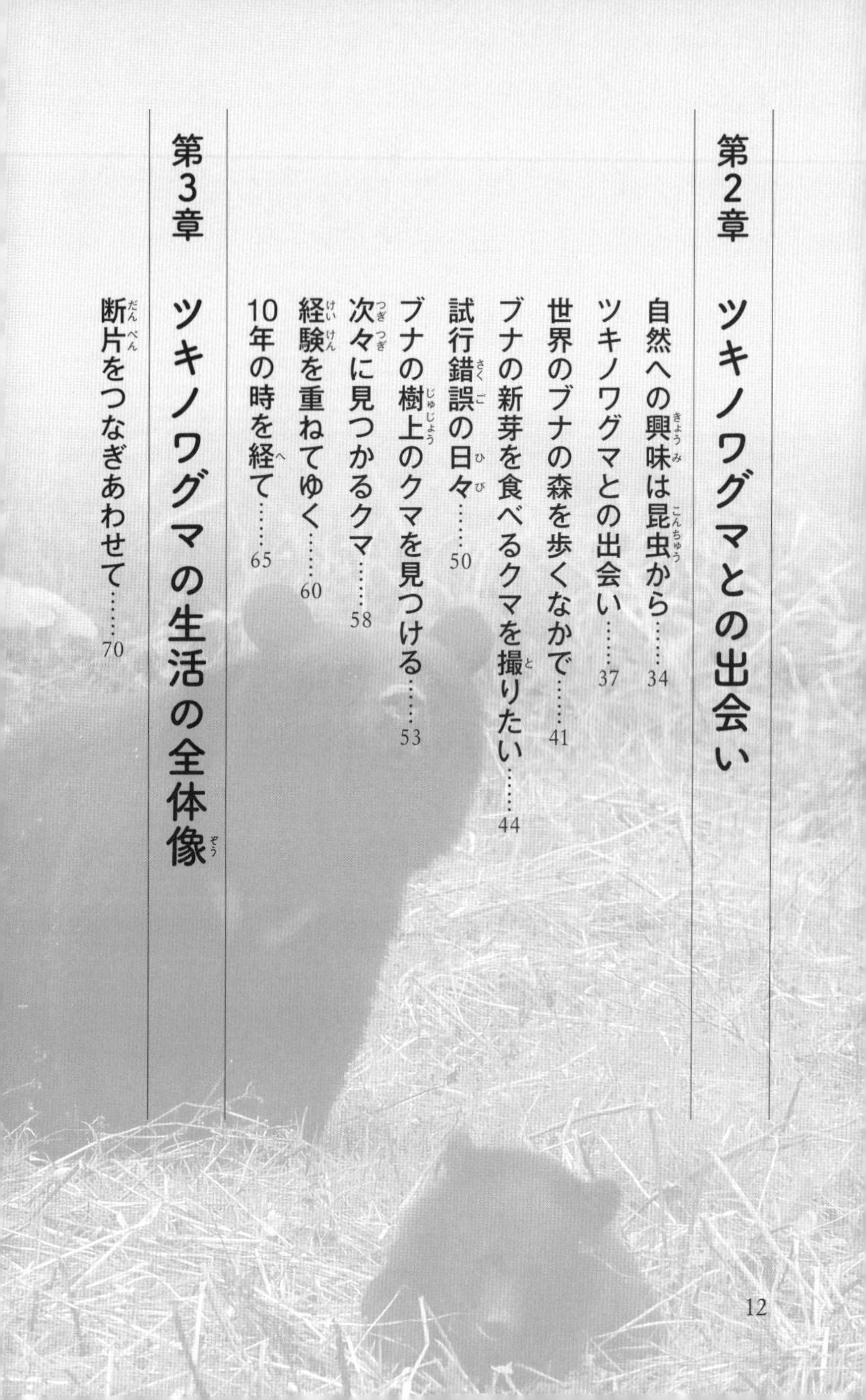

第2章　ツキノワグマとの出会い

第3章　ツキノワグマの生活の全体像《ぞう》

第4章 クマ狩《が》りという文化

第5章　再《ふた》び、秋田県の現場《げんば》で考える

第6章　人とクマとの関係

第7章 長期的な視点《してん》では、何ができるか

第1章　秋田県で何が起こっていたのか

ツキノワグマの大量出没《しゅつぼつ》

2023年の秋、秋田県と岩手県ではツキノワグマの出没《しゅつぼつ》が相次ぎました。行政《ぎょうせい》に寄《よ》せられた目撃件数《もくげきけんすう》もさることながら、人とクマが鉢合《はちあ》わせすることによる人身事故《じこ》の件数《けんすう》もまた、先にも書いたように例年とは比較《ひかく》にならない数にのぼっていました。人身事故《じこ》は多い少ないの問題ではなく、起こらないにこしたことはありません。

人身事故《じこ》が急増《きゅうぞう》するとともに、テレビや新聞などの報道《ほうどう》では、「アーバンベア」という見出しが増《ふ》えていきました。秋田県に関する新聞およびテレビニュースでの報道《ほうどう》では、10月だけでも8件《けん》で「アーバンベア」という文字を目にしました。この言葉は、本来は奥山《おくやま》にしか見られなかったクマのなかに、都会に適応《てきおう》したものが新しく出現《しゅつげん》したのではないか、という意味で使われています。北海道で市街地付近へのヒグマの出没《しゅつぼつ》が増加《ぞうか》したことで、北海道の大学でヒグマの研究をしている研究者がこの言葉を著書《ちょしょ》のタイトルに使ってから、メディアがこぞって使うようになりました。

もっとも、秋田県でのツキノワグマの大量出没《しゅつぼつ》について取材を受けている大学などの研究者は、その場で回答を求められるため、現地《げんち》を見て状況《じょうきょう》を判断《はんだん》する猶予《ゆうよ》もなく、報道《ほうどう》された情報《じょうほう》だけで判断《はんだん》せねばなりません。新聞の記事をよく読んでみると、「何が起こっているのかはよくわからない」と慎重《しんちょう》な言いまわしに終始している人が多く、決して大量出没《しゅつぼつ》の原因《げんいん》として「アーバンベアが出現《しゅつげん》した」と言っていたわけではありません。メディアが注目を集めやすい見出しをつけるために繰《く》り返し使ううちに、いつのまにか言葉だけが定着してしまいました。

東北地方に暮《く》らしている私《わたし》からみれば、以前から町の近くに出てくることはあったうえに、決してクマが町のなかに住み続けているわけではないため、この「アーバンベア」という言葉には違和《いわ》感がありました。さらに、誰《だれ》も「なぜクマが出てくるのか」という説明をしないまま、報道《ほうどう》合戦のように恐怖《きょうふ》を煽《あお》る記事が出され続けることに、もどかしさ感じていました。

動物の多さは何の前兆なのか

出没件数《しゅつぼつけんすう》が急増《きゅうぞう》したということは、ツキノワグマの行動に急激《きゅうげき》な変化が起こっていることは間違《まちが》いありません。まず、その原因《げんいん》を確《たし》かめねばと思いました。

動物の出没《しゅつぼつ》が増《ふ》えることは、必ずしも自然界にとってよいこととは限《かぎ》りません。たとえば開発などですみかが減《へ》ると、動物も減少《げんしょう》していくことが多いのですが、そうした場面では人の目に触《ふ》れる機会が多くなるため、数が増《ふ》えたように錯覚《さっかく》しがちです。

さらに、本当に個体《こたい》数が増《ふ》えていたとすれば、それが「自然が豊《ゆた》かになる」こととは別の方向に向かうことがあります。私《わたし》は昆虫《こんちゅう》類の分布《ぶんぷ》や生態《せいたい》を調べることを続けてきましたが、学生時代に夢中《むちゅう》で調べ歩いた兵庫県北部から鳥取県にかけての東中国山地では、近年になって急増《きゅうぞう》したシカが下草を食べつくし、それらを食草にしていた多くの昆虫《こんちゅう》が姿《すがた》を消してしまうことを直接経験《ちょくせつけいけん》しました。シカによる食害は、最初は滋賀県や福井県、奈良県などの限《かぎ》られた地域《ちいき》で起こっていましたが、十数年のうちに近畿《きんき》地方から中国地方東部の全域《ぜんいき》に広がってしまい、かぎりなく愛着のある山々《やまやま》が変わり果てた姿《すがた》になり、生物の多様性《せい》も失われてしまいました。

そうした現状《げんじょう》を知り、昆虫《こんちゅう》や植物の絶滅《ぜつめつ》を少しでも防《ふせ》ぐための対策《たいさく》を続けてきた身として、隣《となり》の秋田県で起こっていることは他人事ではありませんでした。いつ山形県で起こってもおかしくはないため、まず起きていることを確《たし》かめねばと思いました。

それにもまして、人の生活圏《けん》内に昼間から何個体《こたい》ものクマが現《あらわ》れるという話は、ツキノワグマの生態《せいたい》に興味《きょうみ》を持って追いかけてきた者としては、にわかには信じ難《がた》いものでした。ツキノワグマという生きものを理解《りかい》するためにも、それが現実《げんじつ》に起こっているとすれば、この眼《め》で原因《げんいん》を確《たし》かめたいという気持ちもありました。はたして、ツキノワグマの性質《せいしつ》までもが変化しているのだろうか。こうした場面で理解《りかい》を深めるためには、自分で確《たし》かめるほうが早い。興味《きょうみ》のあることに対しては、常《つね》にそのように行動してきました。理由はいくらでもつけられますが、実際《じっさい》にはいてもたってもいられなかったのです。

山形県と秋田県での違《ちが》い

話は2023年9月に遡《さかのぼ》ります。秋田県秋田市の加藤明見《かとうあけみ》さんという方は、深い観察力で、ツキノワグマのさまざまな生活を撮影《さつえい》しておられ、私《わたし》もSNSを通じて交流がありました。その加藤《かとう》さんが、同じ年の夏に、「今年はツキノワグマが餌《えさ》不足で、水田のコメを食べに出てきている」と投稿《とうこう》しておられました。この情報《じょうほう》が、私《わたし》には非常《ひじょう》に気にかかりました。

ツキノワグマは、季節ごとに食べる餌《えさ》が変わっていきます。夏から秋には主に木の実を食べ、山形県では8月下旬《げじゅん》になると、オニグルミを好んで食べます。オニグルミには、クマ棚《だな》（樹上《じゅじょう》で餌《えさ》を食べる際《さい》に、折った枝《えだ》を敷《し》き詰《つ》めて座《すわ》った跡《あと》。枝《えだ》の上に棚《たな》があるように見えることからこう呼《よ》ばれる）が点々《てんてん》とでき、折られた葉はすぐに茶色になるために、よく目立ちます。9月になるとクリやブナの実、それにナラ類のドングリを食べるようになります。

2023年には、山形でもオニグルミに作られたクマ棚《だな》は極端《きょくたん》に多かったのです。8月下旬《げじゅん》から目につきはじめたのは例年どおりでしたが、9月に入ってもなお、クマ棚《だな》はオニグルミに増《ふ》え続けていました。9月に入ってもオニグルミを食べ続けること自体が特異《とくい》なことでしたし、国道や民家のすぐ脇《わき》のオニグルミにまで、例年とは比較《ひかく》にならないほどたくさんのクマ棚《だな》ができていました。同時に、クリにもたくさんのクマ棚《だな》ができていきました。多い場所では、視界《しかい》のクリとオ

ツキノワグマがオニグルミの樹上《じゅじょう》で実を食べた跡《あと》は「クマ棚《だな》」と呼《よ》ばれる

枝《えだ》を折り（矢印）、樹上《じゅじょう》に敷《し》き詰《つ》め（円内）、そこに座《すわ》って実を食べる

ニグルミに16個《こ》のクマ棚《だな》が並《なら》んでいるという場面もありました。

しかし、樹上《じゅじょう》でオニグルミを食べているところを観察しようとしても、日中には姿《すがた》はありませんでした。9月14日にはオニグルミとクリにできた多数の新しいクマ棚《だな》を見たことから、その夜のうちに走り、明るくなるのを待って観察しようとしました。激《はげ》しい雨は夜明けには上がり、オニグルミの林は朝靄《あさもや》に包まれていましたが、明るくなって私《わたし》の姿《すがた》を見たとたん、木から飛び降《お》りるようにして逃《に》げていく1個体《こたい》を遠くから見た以外には、まったくツキノワグマの姿《すがた》を見ることはできませんでした。

秋田では水田のコメを食べているという加藤《かとう》さんの話も気にかかったので、山間部で民家から死角になっている水田を見てまわりましたが、イノシシの痕跡《こんせき》はあっても、ツキノワグマが歩いたらしき跡《あと》は見つかりません。飼料《しりょう》用として山際《やまぎわ》の畑で作られていたデントコーンがほとんどクマに食べられてしまった場面や、キビの畑のなかにどう見てもツキノワグマとしか思えない通路ができている場面も見ましたが、夜行性《せい》は徹底《てってい》していたようで、早朝や夕方に繰《く》り返し訪《おとず》れても、明るい時間帯に姿《すがた》を見ることはありませんでした。

経験《けいけん》を重ねられた加藤《かとう》さんだから観察できて、私《わたし》には見えていないのだろうか。それとも、秋田県と山形県では起こっていることが異《こと》なるのだろうか。考えるよりもまず野外での経験《けいけん》を重ねようと、少しでも仕事に空き時間があれば、自宅《じたく》から車で1時間程度《ていど》の山形県白鷹町《しらたかまち》から長井《ながい》市にかけての朝日連峰《あさひれんぽう》のふもとに通い続けていたのですが、疑問《ぎもん》は深まるばかりでした。

起こっていることを確《たし》かめる

10月に入ると、加藤《かとう》さんの話では、秋田県では人の生活圏《けん》内で目撃《もくげき》される数がさらに増《ふ》え、水田とクリ林がその舞台《ぶたい》になっているとのことでした。ところが、山形県では継続《けいぞく》して観察していた朝日連峰《あさひれんぽう》でも飯豊連峰《いいでれんぽう》でも、ツキノワグマの痕跡《こんせき》はなくなったわけではないものの、むしろ減《へ》ったように見えました。

秋田での状況《じょうきょう》を見にいかねばと、まず10月17日に昆虫の調査のついでに下見をし、23日に出かけて夜明けとともに目のあたりにしたのが、冒頭《ぼうとう》に書いた場面でした。

私《わたし》が訪《おとず》れたのは、秋田県上小阿仁村《かみこあにむら》と、北秋田市《きたあきた》（旧阿仁町《きゅうあにまち》）でした。23日の朝

仔《こ》グマ2個体《こたい》を連れて水田でイネを食べる母グマ

2時間で、ひとつの集落のまわりで10個体《こたい》のツキノワグマを見たことには冒頭《ぼうとう》でも触《ふ》れましたが、そのうち7個体《こたい》は、3組の親子でした。ツキノワグマは、生後2年間は子どもが母親とともに過《す》ごします。子どもの大きさからすれば、2組は1年目の親子、1組は2年目の親子だと考えられました。

これまでにも親子のクマを見た経験《けいけん》は何度かありましたが、これほどまで親子が出てくるのは初めてのことでした。しかも、日中に隠《かく》れることもなく餌《えさ》を食べ続けています。いったい何が起きているのだろう。やはり、秋田県では特殊《とくしゅ》なことが起こっているのだろうか。

10月29〜31日には2つの集落のまわりで、それぞれ6個体《こたい》および10個体《こたい》の、計16個体《こたい》を確認《かくにん》しましたが、やはり子連れが6組14個体《こたい》にのぼり、単独《たんどく》のものは、夜に月明かりの下で見かけた2個体《こたい》のみでした。

なぜ人里に出てくるのか

まず、これほどまでに多くのクマが人里に出てきた理由を考える前に、基本的《きほん》な情報《じょうほう》を整理しておきましょう。

ツキノワグマは全身が真っ黒なクマで、胸《むね》に三日月のような白い斑紋《はんもん》があることから、この名があります。大きなものでは体長が1・8メートルぐらいになります。主に森林に棲《す》んでおり、雑食性《ざっしょくせい》で、主に木々《きぎ》の新芽や実などの植物を食べます。秋になると、ブナの実やナラ類のドングリをさかんに食べることが知られ

夜も明るい国道の信号脇《わき》でも、クリに真新しいクマ棚《だな》が見られた

ています。本州・四国・九州に分布《ぶんぷ》していましたが、四国では激減《げきげん》し、九州では絶滅《ぜつめつ》しました。国外では台湾《たいわん》や中国、ヒマラヤにも分布《ぶんぷ》しています。日本には、他に北海道にヒグマが生息しています。

これまでは、クマが人里に出てくるのは、秋の主要な餌《えさ》であるブナの実やドングリが不作の年に餌《えさ》が不足するためだという説明がなされてきました。多くの県ではブナやドングリの花がどれぐらい咲《さ》いたかを春に調べ、実がどれぐらいつくかという豊凶予測《ほうきょうよそく》をしたうえで、クマが人里に出やすいかどうかを予測《よそく》しています。

ただ、これまでにもブナやドングリが凶作《きょうさく》の年は何度もありましたが、集落のまわりに10個体《こたい》もクマが出るという状況《じょうきょう》は聞いたことがありません。私《わたし》もまた凶作《きょうさく》だけでは説明できないのではないかと感じていました。それに最初のうちは、「個体数《こたいすう》が増《ふ》えた可能性《かのうせい》」と「人慣《ひとな》れした可能性《かのうせい》」という2つの可能性《かのうせい》を、即座《そくざ》に否定《ひてい》するほどの判断《はんだん》は私《わたし》にもできなかったのです。報道《ほうどう》のなかには、前年のブナの豊作《ほうさく》を受けてツキノワグマの個体数《こたいすう》が植えた、との記述《きじゅつ》もみられました。

また、人慣《ひとな》れしたから、という可能性は、根拠《こんきょ》を示《しめ》しにくいものです。アーバンベアという言葉が独《ひと》り歩きしていくと、人を恐《おそ》れないクマが出てきた、自然界にとんでもない異変《いへん》が起こっている、というような物語が作られてしまいがちですが、自然観察のうえでは、まず根拠《こんきょ》を積み重ねていくことが基本《きほん》です。直接《ちょくせつ》の証明《しょうめい》が難《むずか》しい場合には、「そうではない理由」を積み重ねて検証《けんしょう》していかなければなりません。

第2章　ツキノワグマとの出会い

自然への興味《きょうみ》は昆虫《こんちゅう》から

以前から、いったい何をしている人なのかと問われることが多いのですが、自分でもひとことで説明するのは難《むずか》しいのです。子どもの頃《ころ》から虫が好きで、さまざまな昆虫《こんちゅう》を採集《さいしゅう》して標本を作りながら、中学生ぐらいからは分布《ぶんぷ》や生態《せいたい》を調べることに熱中してきました。その趣味《しゅみ》は現在《げんざい》まで続き、そのまま生活の一部になっています。虫たちの標本を集めるだけでなく、その暮《く》らしぶりを知ることに興《きょう》味《み》がありましたし、興味《きょうみ》は植物にも広がり、しだいに自然環境《かんきょう》を形づくってきた人の生活の歴史《れきし》にも広がっていきました。

そのなかで、柱にしてきたテーマが2つあります。ひとつは、世界のブナの森を訪《たず》ね歩き、そこにいる動植物を明らかにしていくこと。もうひとつは、ロシア極東に通うこと。20代のなかば以降《いこう》に海外に行くことも覚えるなかで、文化が異《こと》なる場所の自然環境《かんきょう》を比較《ひかく》することで、日本の自然環境《かんきょう》の特徴《とくちょう》を浮《う》かび上がらせるという方法を身につけていきました。

同時に、自然環境《かんきょう》を残すことにも、特に意識《いしき》することもないまま深入りしていきました。20代の頃《ころ》から、目の前で絶滅《ぜつめつ》していくたくさんの虫たちや植物を「しかたがない」と諦《あきら》めることができず、自分たちでできることはなんとかしなければと思ったのです。今でこそ生物多様性《せい》という言葉が定着して、絶滅危惧《ぜつめつきぐ》種は守らなければという風潮《ふうちょう》も生まれていますが、私《わたし》が虫たちの絶滅《ぜつめつ》を防《ふせ》ぐことに取り組み始めた2000年頃《ころ》には、「いなくなるものはしかたがない」と言う人のほうが多く、行政《ぎょうせい》でも「理解《りかい》してくれる人が少なすぎるし、予算もないから不可能《かのう》」という対応《たいおう》が一般《いっぱん》的でした。それに、一緒《いっしょ》にやろうという人もほとんどいませんでした。当時は自身の生活のなかから時間と費用《ひよう》を捻出《ねんしゅつ》し、取り組むしかなかったのです。

それでも、無理という言葉を知らない20代には、若《わか》さからくる情熱《じょうねつ》もありました。たとえば、ため池の水を抜《ぬ》いてブラックバスなどの外来魚を駆除《くじょ》することは、今では各地で行われていますが、ゲンゴロウ類を守るために池の水を抜《ぬ》いたのは、日本では私《わたし》が実践《じっせん》したのが最初でした。数年間の試行錯誤《さくご》の末に確立《かくりつ》した外来魚の駆除技術《くじょぎじゅつ》は、今でも「山形方式」と呼《よ》ばれていくつかの場所で使われています。東日本大震災《しんさい》の津波跡《つなみあと》で、自然環境《かんきょう》がどのようになったのかも明らかでないまま堤防《ていぼう》の建設《けんせつ》が始まったときにも、生きものに満ちた砂浜《すなはま》や湿地《しっち》を残すため、いくつかの省庁《しょうちょう》との交渉《こうしょう》を続けながら個人《こじん》で走り続けました。

そのうち、自然保護《ほご》に関することは情熱《じょうねつ》にあふれる友人が設立《せつりつ》したNPO法人の一員として取り組むことと、個人《こじん》で取り組むこととを使い分けるようになりました。

ふだんは自然写真家という肩書《かたが》きを使っていますが、限《かぎ》られた人だけが撮影技《さつえいぎ》術《じゅつ》を持っていた50年前とは時代が変わり、誰《だれ》もが写真を撮《と》ることができる時代になりました。ですので、本当は「昆虫《こんちゅう》を通して自然の成り立ちを明らかにし、現《げん》状《じょう》を残せるよう自然環境《かんきょう》の保全《ほぜん》にも取り組んでいく人」という肩書《かたが》きを使いたいのですが、それをひとことで表す職業《しょくぎょう》名を、残念ながら私《わたし》自身が見つけていません。

ツキノワグマとの出会い

そうしたなかでの私《わたし》とクマとの出会いは、22歳《さい》の頃《ころ》に遡《さかのぼ》ります。当時は虫たちの採集《さいしゅう》のためにブナ林に入り浸《びた》っていました。私《わたし》は多くの種の標本を集めることよりも、この森にはどのような虫たちがいるのかを明らかにしていくことに熱中していました。それぞれの森によって生えている樹木《じゅもく》も違《ちが》えば、棲《す》んでいる虫たちの種類も違《ちが》います。もっとも、その作業が森の表情《ひょうじょう》を読み解《と》き、森の「豊《ゆた》かさ」を描《えが》き出すことにつながっていくことを自覚したのはしばらく後のことで、当時はただ、新しい出会いが重なることに興奮《こうふん》し、そして生きものの多い森に出会うことが楽しかったのです。

春から長野県秋山郷《あきやまごう》のブナ林に通っていた私《わたし》は、初秋になってもブナ林を歩き続け、その日もオサムシなどの調査《ちょうさ》を終えて、夕刻《ゆうこく》にはヤナギの枝《えだ》に集まるヒメオオクワガタというクワガタムシを探《さが》していました。まもなく日が暮《く》れようという頃《ころ》、林道脇の深い笹薮《ささやぶ》のなかからガサガサという音が響《ひび》いてくることに気づき、まさかクマじゃないだろうなと思いながらそちらを見ていました。距離《きょり》にして20メートルといったところでしょうか。林道沿《ぞ》いのササが揺《ゆ》れたかと思うと、ヌッと黒くて大きな顔が出てきてあたりを見まわしています。あわてて「オイ！」と声をかけると、クマはこちらに気づき、しばらく私《わたし》をじっと見たかと思うと、笹《ささ》薮《やぶ》の急斜面《きゅうしゃめん》を転げ落ちていきました。こちらも我《われ》に返り、足下の石を拾い、ガードレールを叩《たた》いて音を出します。クマはしばらく気配を潜《ひそ》めていましたが、やがてバキ、バキ、とササを踏《ふ》みしだく音が聞こえ、遠ざかっていきました。

その1週間後にも、近くの苗場山《なえばさん》に登った帰途《きと》、ブナ林のなかで虫たちを調べていたために他の登山者よりも遅《おそ》くなり、最後にひとりで下山していました。登

晩春《ばんしゅん》にヨモギを食べていたツキノワグマ

山道の下でヤマモミジの枝《えだ》がガサガサと揺《ゆ》れたので、誰《だれ》かがキノコ採《と》りでもしているのかと思い、まさか今回もクマじゃないよなと思いながら「おーい!」と声をかけたら、いきなり大きな音がして、黒い影《かげ》が斜面《しゃめん》を走っていきました。

それまでにも、学生時代に通い詰《つ》めていた中国山地の氷ノ山《ひょうのせん》で、ブナの幹《みき》に残された爪跡《つめあと》をいくつも見ていたのですが、姿《すがた》を見たのはこの時が初めてでした。次の夏には北海道の知床《しれとこ》半島で至近距離《しきんきょり》でヒグマにも

水たまりには足跡《あしあと》が残るので、行動を知る大きな手掛《てが》かりになる

会っています。

クマと会う最大の要因《よういん》は、偶然性《ぐうぜんせい》です。その後は山形県で暮《く》らすようになり、ブナ林を歩く日々《ひび》は続いていましたし、爪跡《つめあと》などの生息の痕跡《こんせき》は以前に比《くら》べて桁《けた》違《ちが》いに見つけられるようになっていましたが、クマに会うことはなくなりました。当時は何よりもまず、会うことに怖《こわ》さがありました。いや、多少は経験《けいけん》を重ねた今でも、草木が生い茂《しげ》って視界《しかい》が利かなくなる晩春《ばんしゅん》から秋までは、ばったりと会わないよう細心の注意を払《はら》って山を歩いています。

世界のブナの森を歩くなかで

25歳《さい》のときに山形県で暮《く》らすようになってから2年後に、私《わたし》は世界のブナ林の撮影《さつえい》を始めました。ブナの原生林の虫の多さに魅《み》せられるうちに、日本のブナ林の特徴《とくちょう》は何だろうか、豊《ゆた》かさとは何だろうかと考えるようになったのです。

世界には、ブナの仲間が約10種分布《ぶんぷ》することが知られていましたが、情報《じょうほう》は限《かぎ》られていました。北米、メキシコ、台湾《たいわん》、中国南部、日本、韓国《かんこく》鬱陵島《ウルルン》、そして黒海沿岸《えんがん》からヨーロッパ。いずれも日本と同じように四季が明瞭《めいりょう》で、雨がたくさん降《ふ》ることで森林が発達する地域《ちいき》です。

それぞれの地域《ちいき》のブナ林にはどのような花が咲《さ》き、どのような虫がいるのだろうか。世界各地のブナ林を訪《たず》ねる旅を続けるなかで、まず日本のブナ林の動植物を描《えが》き出すために、山形県を中心に、ブナに関係する動植物の調査《ちょうさ》に没頭《ぼっとう》していました。小さな虫は、標本を作って専門《せんもん》書で調べなければ名前もわかりません。また、10年以上通っているブナの林でも、たった一度しか出会えない虫がいくつもあります。作り続けた標本はすぐに数万点を超《こ》え、当時は標本用にアパートの別室を借りていました。

春、ブナの若葉《わかば》がいっせいに出る頃《ころ》、新芽を食べるために多くの生きものが集

ウソ

ブナハアブラムシ

ニホンザル

ユキグニコルリクワガタ

まります。ユキグニコルリクワガタという、青く輝《かがや》く1センチほどの小さなクワガタムシ。コメツキムシやハムシの仲間。さらに小さなところでは、白い綿《わた》をまとったアブラムシと、それを食べに集まるテントウムシ。大きなところでは、ウソという鳥もブナの花芽《はなめ》を食べていますし、ニホンザルも枝《えだ》を折っては新芽を食べます。そのなかで、ブナの新芽をもっとも好む動物のひとつが、ツキノワグマです。ひととおりブナの新芽を食べる生きものを撮影《さつえい》し、10年以上かかりましたがウソもニホンザルも撮影《さつえい》できてしまうと、次はどうしてもツキノワグマの写真を撮《と》らねばならなくなります。ただ、警戒心《けいかいしん》の強い哺乳類《ほにゅうるい》ともなれば、昆虫《こんちゅう》とは撮影《さつえい》方法もまったく違《ちが》ってきますし、まず探《さが》すことから始めねばなりません。

ブナの新芽を食べるクマを撮《と》りたい

2009年の春から、朝日連峰《あさひれんぽう》の一角にひとりで登ってみましたが、雪の上で終日にわたって目を凝《こ》らしても、クマの姿《すがた》には会えませんでした。地元の博物館を通して面識《めんしき》のあった、山形県西川町大井沢《にしかわまちおおいさわ》のクマ狩《が》りの頭領《とうりょう》だった前田武《たけし》さんにお願いして、友人と2人、残雪の朝日山系《あさひさんけい》に連れて行ってもらったのは、2010年5月9日のことです。数日前に春のクマ狩《が》りの猟期《りょうき》が明けて、もう集落の人々《ひとびと》が山に入ることはありません。私《わたし》は田舎《いなか》で育ちましたので、土地には所有者があり、あるいは決まりごと（ルール）があって、勝手に入ることができないことを理解《りかい》して育ちました。クマ狩《が》りのときに同じ山域《さんいき》に人がいれば、追い込《こ》みの邪魔《じゃま》にもなりますし、銃《じゅう》で撃《う》つこともできなくなります。いくら本人たちが迷惑《めいわく》をかけないつもりでも、ふだんその場所を使っている人々《ひとびと》からすれば、猟《りょう》を中止せざるを得《え》なくなり、大迷惑《だいめいわく》になります。「知らなかった」では済《す》まされず、猟《りょう》の集団《しゅうだん》しか入らない尾根筋《おねすじ》には、他人は入ってはいけないのです。

5月になると、ふもとでは雪は谷間に残るだけになっていますが、そこは朝日連峰《あさひれんぽう》の豪雪地《ごうせっち》、1時間ほど登るだけで、数メートルの雪が尾根《おね》を覆《おお》っています。雪は3月ごろから圧縮《あっしゅく》されて固く沈《しず》んでいくので、春になればその上を歩けるようになります。むしろ、夏ならばネマガリタケと呼《よ》ばれるチシマザサや低木が一面に生えて、少し前進するのにも苦労するような場所でも、雪があることによって自由に歩くことができます。

　この日、ツキノワグマは見つかりませんでしたが、初めて教わったことがいくつもありました。まず、クマは雪崩《なだれ》でできた急斜面《しゃめん》（雪崩《なだれ》地形）に出てくること。そして、春のクマ猟《りょう》はそうした雪崩《なだれ》地形で行われること。このことについては、後で詳《くわ》しく紹介《しょうかい》します。次に、クマが秋にヒメコマツの樹皮《じゅひ》を剥《は》いで、出てきた松脂《まつやに》を舐《な》めて越冬《えっとう》前に便を止めること。翌春《よくしゅん》に有毒《ゆうどく》のミズバショウやザゼンソウを食べてわざとお腹《なか》を下し、排便《はいべん》すること。その最初にする糞《ふん》は、乾《かわ》いて音が出るぐらい固いこと。前年の秋にブナにできた大きなクマ棚《だな》の下では、クマが落とした枝《えだ》がたくさん散らばっており、クマは手と歯を使って枝《えだ》を折るために、折れ口には特徴《とくちょう》があること。私《わたし》が猟師《りょうし》の方について歩いたのはこの1日だけでしたが、初歩的なことから踏《ふ》み込《こ》んだ内容《ないよう》まで、さまざまなことを教わりました。

同時に、クマを追い続けた人に関することも、いろいろ教わりました。ブナの幹《みき》には猟師《りょうし》が情報《じょうほう》を刻《きざ》んだ文字が残っています。古いものは、木の生長にともなって文字が大きく歪《ゆが》んでいますが、大正時代の文字でも読めるものがあります。これは鉈《なた》で刻《きざ》む「鉈目《なため》」と呼《よ》ばれるもので、この日も「大六尺熊取《だいろくしゃくくまとる》」（約1・8メートルの大グマを捕《と》らえた）といった情報《じょうほう》が刻《きざ》まれたブナを教わりました。一般《いっぱん》の登山道なら、登山者が記念に名前を書いていっただけの落書きが多くなるのですが、登山道から離《はな》れると、鉈目《なため》は同じ集落に住む仲間内でだけ共有する、重要な情報《じょうほう》の伝達手段《しゅだん》になっていきます。

山には登山靴《くつ》でなく、ゴム長（普通《ふつう》の長靴《ながぐつ》）で来るようにと言われました。尾根筋《おねすじ》のなかでも下まで滑《すべ》り落ちないような浅い谷では、杖《つえ》を片手《かたて》に長靴《ながぐつ》で器用に滑《すべ》り降《お》りて、移動《いどう》時間を短縮《たんしゅく》していきます。

この日、ツキノワグマは見られませんでした。前田さんは、陽が山の向こうに

前田武《たけし》さん

ブナの幹《みき》に刻《きざ》まれた「大《だい》六《ろく》尺《しゃく》熊《くま》取《とる》」の文字

ブナの樹上《じゅじょう》に残された前年秋のクマ棚《だな》

隠《かく》れる夕刻《ゆうこく》まで「なんとか1頭でも見せてあげたい」と言ってくださったのですが、私《わたし》にとっては教わることが多すぎる贅沢《ぜいたく》な時間でした。

試行錯誤《さくご》の日々《ひび》

それからも、ブナに上って新芽を食べているクマは、なかなか見つかりませんでした。毎年残雪の山歩きを重ね、試行錯誤《さくご》する時間が長く続きました。そもそもクマが簡単《かんたん》に見つかるとは思っておらず、前田さんに歩き方を教わったのは、クマの探《さが》し方を教わると同時に、山に入ってもよいルールをしっかりと教えていただくためでした。

そこはあまりにも奥山《おくやま》で、ふだんからクマ狩《が》りやキノコ採《と》りのためにこのような場所を歩かれていたのかと感心しながら、毎年春のクマ猟《りょう》が終わる日を聞き、それ以降《いこう》に山を歩かせてもらうことが続きました。もちろん、一般《いっぱん》の登山道がある山に自分たちで入っては、クマを探《さが》すことも続けていました。

ツキノワグマはブナの新芽のなかでも、花の蕾《つぼみ》を含《ふく》んだ「花芽《はなめ》」を好んで食べる話は前田さんから教わりましたし、花がよく咲《さ》いた2004年には、ブナの蕾《つぼみ》だけがぎっしりと詰《つ》まったクマの胃袋《いぶくろ》を分けていただいたこともありました。しかし、ブナの花は毎年咲《さ》くわけではありません。5年に1回ぐらい大豊作《ほうさく》の年がある一方で、ほとんど花芽《はなめ》がつかない年もあります。それほど花が咲《さ》かなかった1998年に、山形県小国町《おぐにまち》でクマ狩《が》りをされている草刈《くさかり》広一さんから見せていただいた胃袋《いぶくろ》の中身は、ブナの新芽(花芽《はなめ》ではなく、通常《つうじょう》の葉が出る新芽)と、地表に咲《さ》くイワウチワの花で満たされていました。

ある年は、真新しいツキノワグマの足跡《あしあと》に出会いました。この日は固く締《し》まった雪の上に、新しく20センチほどの新雪が積もっており、歩きにくい一方で、足《あし》跡《あと》がしっかりと残りやすい条件《じょうけん》になっていました。足跡《あしあと》の指の部分には、まだ周《しゅう》囲《い》からこぼれ落ちた雪のかけらが残っており、ほとんど時間が経《た》っていないのではないかと思います。友人と色めき立って、息をしのばせて急斜面《しゃめん》を追いかけましたが、足跡《あしあと》は林をぐるりと一周して、ほんの10分前に我々《われわれ》が残した足跡《あしあと》の上を新たに踏《ふ》みつけながら、尾根《おね》の上へと続いていました。足跡《あしあと》の大きさからすれば相当に大きな個体《こたい》で、至近距離《しきんきょり》ですれ違《ちが》っていたはずです。しかし、気配はまったく感じませんでした。

その翌年《よくねん》には、別の山の頂上部《ちょうじょう》で雪が残る急斜面《しゃめん》を横切っていたクマに出会いましたが、カメラのレンズを変える余裕《よゆう》もないうちに尾根《おね》の向こうに消えました。20分後には、同じぐらいの大きさのクマがはるかに見下ろす谷間のブナ林を歩いてゆくのを見て、その行動の早さを思い知りました。

こうして自分なりの努力は重ねていましたが、10年以上にわたって、クマが木に上ってブナの新芽を食べている姿《すがた》を見ることはありませんでした。でも、それでよかったのです。簡単《かんたん》に見ることができて、そこそこの場面を撮影《さつえい》できていれば、興味《きょうみ》はそこで終わっていたでしょう。なかなか見られないからこそ、いつまでも努力を重ね、残雪の山を歩く経験《けいけん》も重なっていきました。なかには「自分で探《さが》すなんて、時間が無駄《むだ》じゃないか」「ウチの大学の名前を使えば、猟師《りょうし》に頼《たの》んで写真なんて1日で撮《と》らせてもらえる」と言ってくれる人もありましたが、自ら探《さが》すことを続けるなかで、クマの生態《せいたい》を自分なりにひとつずつ確《たし》かめ、理解《りかい》していきたかったのです。それは、猟期《りょうき》が終わったあとにわざわざ山に連れていってくださり、さまざまなことを教えてくださった、前田さんに対する敬意《けいい》でもありました。

ブナの樹上《じゅじょう》のクマを見つける

春山でのクマの探索《たんさく》は続けていましたが、次に大きな動きがあったのは2021年の春でした。前年から広がった新型《しんがた》コロナウイルスの影響《えいきょう》で海外への取材に出ることができなくなった私《わたし》は、山形県でさまざまな動植物の調査《ちょうさ》を続けていました。4月は、以前よりもずっと少なくなってしまったギフチョウの調査《ちょうさ》に忙《いそが》しい季節ですが、この年はそれに加えて、ブナの「あがりこ」という、炭焼きのために人が伐《き》り続けてきた巨木《きょぼく》の歴史《れきし》を調べていました。

雪深い東北地方では、炭焼きは秋に稲刈《か》りが終わってから、山々《やまやま》が根雪《ねゆき》(春まで消えずに残る雪)に覆《おお》われるまで行われていました。しかし、一部の集落では、固く締《し》まった数メートルの雪の上で、春にも炭焼きが行われていたと伝えられています。雪の上で長年にわたって枝《えだ》を伐《き》り続けた結果、ひとつの幹《みき》からたくさんの枝《えだ》が再生《さいせい》した奇妙《きみょう》な巨木《きょぼく》が残っています。

雪に穴《あな》を掘《ほ》って炭を焼いていた場面を想像《そうぞう》するために、ぜひその時期に様子を見に行かねばと思いました。3月下旬《げじゅん》に登りたいと思っていたのが機を逸《いっ》し続け、実際《じっさい》に月山山麓《がっさんさんろく》のブナ林に向かったのは4月の12日でした。夏なら車でも行ける場所ですが、冬には道路の除雪《じょせつ》は行われておらず、雪の上を歩いていきます。

もう少しで「あがりこ」の残る森にさしかかるという場面で、対岸のブナの森のなかに、動く黒いものを見つけました。この日は残雪と「あがりこ」のブナを撮《と》

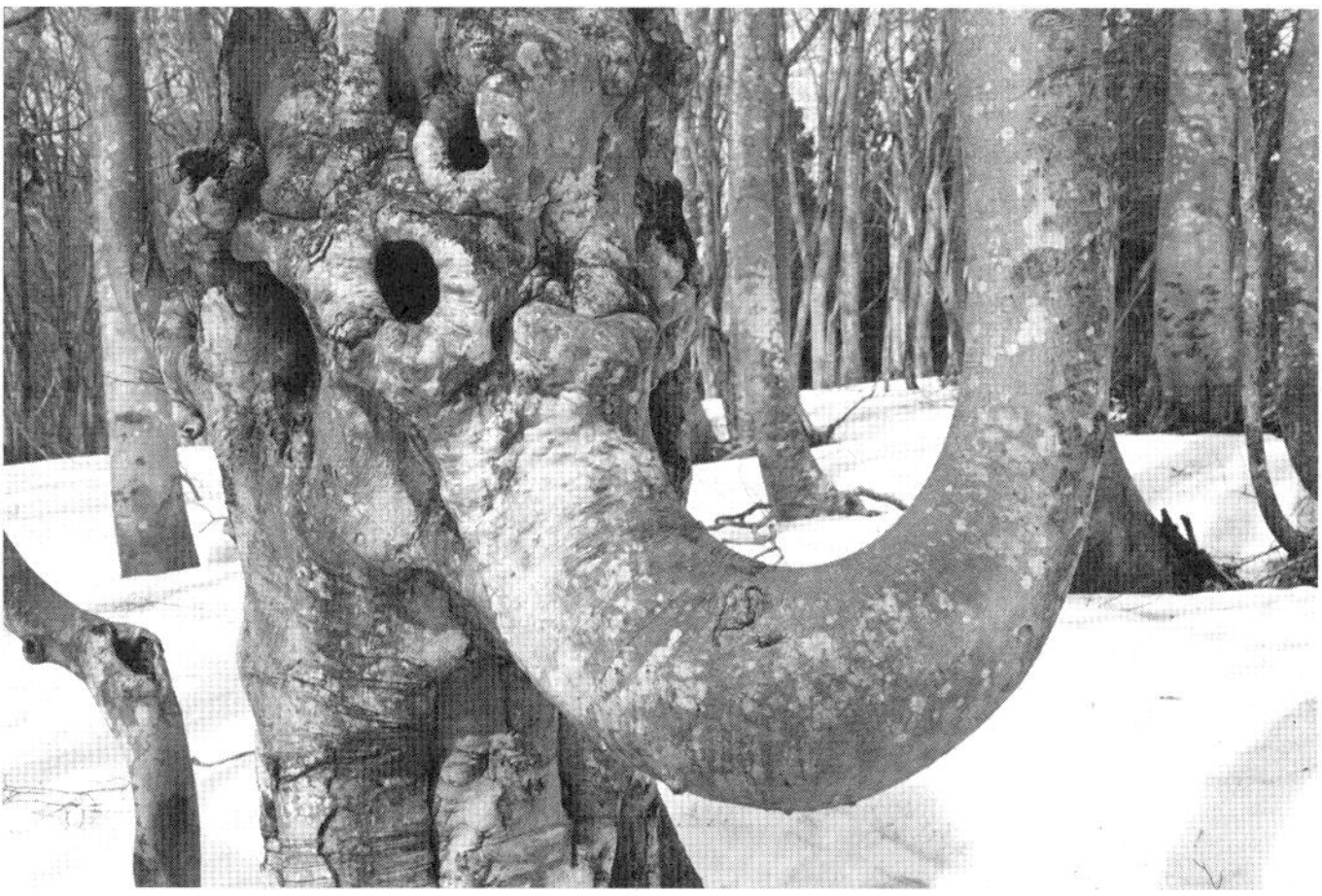

奇妙《きみょう》な姿《すがた》をしたブナの「あがりこ」

ることで頭がいっぱいで、クマのことは意識《いしき》からすっかり抜《ぬ》けており、双眼《そうがん》鏡も大きな望遠レンズも持っていません。黒い影《かげ》はすぐにこちらから見えない斜面《しゃめん》に入り込《こ》んで、姿《すがた》を見失いましたが、動いていたので間違《まちが》いありません。

昼過《ひるす》ぎまで雪の上を歩き続けて「あがりこ」のブナを探《さが》し、ひととおり撮《さつ》影《えい》したところで、下山中にもういちど同じあたりの林をしっかりと探《さが》しました。

いた。

初めて見つけたブナの樹上《じゅじょう》のツキノワグマ

大きなブナの樹上《じゅじょう》で、1個体のクマが枝《えだ》を手繰《たぐ》り寄《よ》せては食べ続けている様子が見えます。距離《きょり》は500メートルというところでしょうか。背景《はいけい》に残雪《ざんせつ》が重なる場所まで来ると、クマの姿《すがた》がより鮮明《せんめい》に見えます。

食べ続ける様子を肉眼《にくがん》でひとしきり眺《なが》めたあと、地図をしっかりと見て、その斜面《しゃめん》に近づけそうな尾根《おね》を探《さが》しました。足音を立てずに雪の上を歩いていきます。斜面《しゃめん》を大きくまわり込《こ》んで、ここならきっと見えるはずという尾根《おね》に出てスギの木陰《こかげ》からのぞけば、クマはブナの新芽を食べ続けています。距離《きょり》は250メートルぐらいになりました。

ただ、この頃《ころ》の私《わたし》はクマの警戒《けいかい》心がどれほど強いかも知りませんでした。道路から見える場所でも平気でドングリを食べ続けていたという話も聞いていたので、より足場がしっかりとしたところに三脚《さんきゃく》を立てて撮影《さつえい》しようとしましたが、クマから見える位置に出て1分も経《た》たないうちに、クマは私《わたし》の存在《そんざい》に気づいたのでしょう。枝《えだ》の上で向きを変えるとさっさと木から下りてしまい、姿《すがた》を消していきました。これは、いま思い起こしてもかなり大きな個体《こたい》でした。

翌日《よくじつ》は双眼鏡《そうがんきょう》を持って同じ場所に行き、尾根《おね》のずっと上の方まで歩いて一帯でツキノワグマを探《さが》しましたが、再《ふたた》び姿《すがた》を見ることはありませんでした。

次々《つぎつぎ》に見つかるクマ

一度見つけると、弾《はず》みがつきます。4月21～23日はツキノワグマを探《さが》すことにあてて、車中泊《はく》の準備《じゅんび》も万端《ばんたん》に出かけました。クマ狩《が》りが行われる場所に勝手に入るわけにはいかないため、朝日連峰《あさひれんぽう》のなかでも急峻《きゅうしゅん》な岩肌《いわはだ》が続く険《けわ》しい尾根《おね》のなかで一般《いっぱん》の登山道がある場所を探《さが》しては、明け方から登ります。朝にはフキノトウやカタクリが真っ白に霜《しも》をまとっていますが、昼に下山する頃《ころ》には暖《あたた》かくなり、花は全開になっています。幸いなことに、最初に目をつけた山が大当たりで、雪が残る岩肌《いわはだ》を背景《はいけい》にブナの樹上《じゅじょう》に上っているツキノワグマや、急斜面《しゃめん》のミズナラで足を投げ出して眠《ねむ》っている大きな個体《こたい》が現《あらわ》れ、心が弾《はず》む場面が続きました。

その後も5月の連休明けまで、さまざまな調査《ちょうさ》の行き帰りにブナ林を双眼鏡《そうがん》でのぞきましたが、この春には行けば必ずクマが見つかるという状態《じょうたい》が続き、のべ13個体のツキノワグマを見ることができました。小学生だった娘《むすめ》と雨のなか樹上《じゅじょう》で眠《ねむ》っているクマを見たことや、娘《むすめ》が書いた「お父さんとクマを探《さが》しに行きました。クマは木の上で寝《ね》ていました」という作文が職員《しょくいん》室で話題になったこと、それに別の日に家族で出かけたときに、ブナに上っている複数《ふくすう》の個体《こたい》を肉眼《にくがん》でも観察できたことなどは懐《なつ》かしい思い出です。5月10日に、もう緑色に染《そ》まったブナ林のなかで、芽吹《めぶ》きの特に遅《おそ》いブナに上って腕《うで》を動かしている遠い影《かげ》を見たのが、この年の最後の個体《こたい》でした。

ところで、どのツキノワグマも、私《わたし》の気配を感じるとすぐに逃《に》げていきました。これまでは、クマがこんなに敏感《びんかん》だとは思わず、樹上《じゅじょう》に上って落ち着いて餌《えさ》を食べている姿《すがた》ばかりを想像《そうぞう》していました。過去《かこ》にも探索《たんさく》を重ねていた間に、何個体かのツキノワグマは視界《しかい》に入っていたのかもしれませんが、ブナの樹上《じゅじょう》で長時間を過《す》ごしているものと思い込《こ》んでいたため、気づかなかったのでしょう。逃《に》げられる経験《けいけん》を重ねることで、ツキノワグマの習性《しゅうせい》への理解《りかい》も深まっていきました。

経《けい》験《けん》を重ねてゆく

翌《よく》2022年には、より早い時期から探索《たんさく》を続けました。この年は4月7日にブナの梢《こずえ》に上っている母グマと2個体の子どもを見つけ、4月11日には朝の30分間にひとつの集落のまわりだけで6個体を見つけるなど、全盛《ぜんせい》期ともいえる日々《ひび》でした。

このうち、3個体の親子は長い時間にわたって1本のブナに上り続けており、少なくとも5日間はその姿《すがた》を見ていました。国道から集落の軒先《のきさき》を通して黒い点のような小さな影《かげ》が見える場所でしたが、気づいている人は他にはいないようでした。同じ尾根《おね》に登れば気づかれてしまうと考え、岩手大学でクマを調べていた渡邉《わたなべ》颯《そう》太《た》君らを誘《さそ》って対岸の尾根《おね》に登り、よく見える位置を探《さが》して双眼《そうがん》鏡でのぞ

ブナの樹上《じゅじょう》で新芽を食べるツキノワグマ

移動《いどう》の際《さい》には残雪を最小限《げん》に横切って目立たない場所を歩く

きました。晴れた昼下がりで、正面には月山《がっさん》が真っ白に輝《かがや》いています。仔《こ》グマのほうは大きさから、前年の冬に産まれた子どもでしょう。2個体とも枝《えだ》の分岐点の上で足を伸《の》ばして、眠《ねむ》っているようでした。

もっとも、こうして何個体も見つかるのはよほど運のいい日で、広い範囲《はんい》を探《さが》しまわっても1個体も見られない日も続きました。前年から次々《つぎつぎ》に見つかる経験《けいけん》ばかりを繰《く》り返していると、見つからなかった日の落胆《らくたん》もまた、大きなものになっていきます。

前年に見つけた朝日連峰《あさひれんぽう》の一角には、3度にわたって登りました。4月17日の午後にブナの樹上《じゅじょう》で1個体を発見したので、翌《よく》4月18日には明け方から登りました。1個体の若《わか》いツキノワグマが花芽《はなめ》を食べるために、繰《く》り返しブナに上っています。急峻《きゅうしゅん》な尾根《おね》では身を隠《かく》す場所が限《かぎ》られるため、前日から私《わたし》の存在《そんざい》に気づいていたようで、前年にこの場所で会ったクマと同じ個体《こたい》だった可能性《かのうせい》が高いように思えました。斜面《しゃめん》のなかでも私《わたし》から見えない側を選んで行動していますが、ブナに上ると私《わたし》から姿《すがた》が見えてしまうため、あわてて木から下りることを繰《く》り返しているようです。ブナの高い枝先《えださき》に上る姿《すがた》を見たかったのですが、クマは警戒心《けいかいしん》を緩《ゆる》めず、それでも時間を無駄《むだ》にできないとばかりに食べ続けています。

ブナの花芽《はなめ》はすべての木についているわけではありません。花芽《はなめ》がついている木を地上からどうやって見分けているのだろうと不思議に思っていましたが、この若《わか》いクマに関しては、花芽《はなめ》がない木に上ってもすぐに下りていたので、片端《かたはし》から上って確《たし》かめているようでした。さらに、コブシによく似《に》たタムシバの木に上り、花を食べる場面も観察することができました。

午後になって、そのクマは滝《たき》になった岩場の上部を私《わたし》のほうに向かって歩いてきました。私《わたし》は登山道の木陰《こかげ》に身を隠《かく》し、身じろぎもせずにクマの動きを注視《ちゅうし》していましたが、さすがに距離《きょり》が30メートルを切って近くなったため、声を上げて知らせようかどうか迷《まよ》っていたとき、クマは気配を感じたのか、動きを止めて匂《にお》

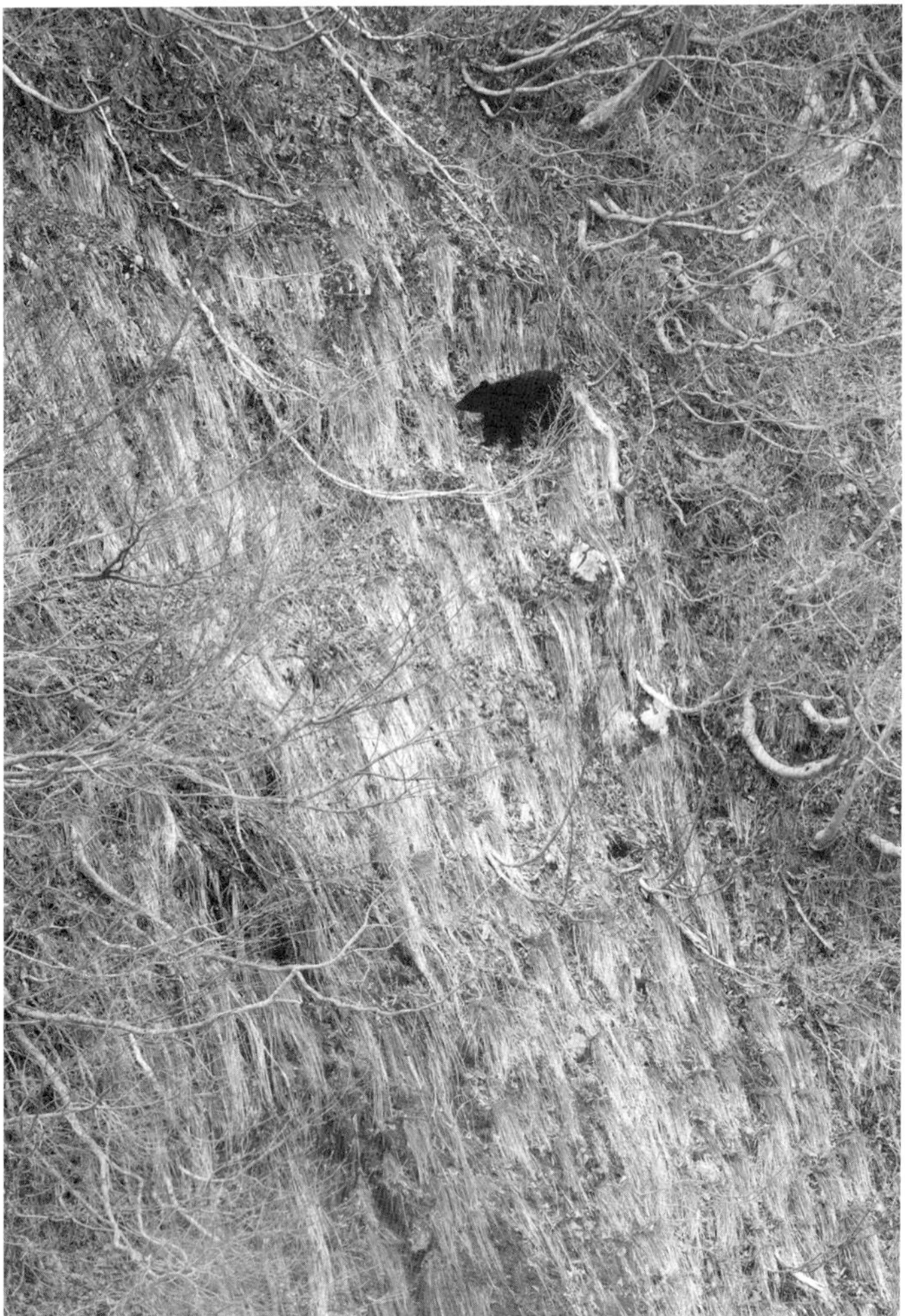

滝《たき》の上の急峻《きゅうしゅん》な岩場を横切るツキノワグマ

いを嗅《か》ぎ、直後に反転して崖《がけ》の上を走っていきました。それにしても、ブナの細い枝《えだ》の上をつたいながら枝先《えださき》まで歩くうえに、崖《がけ》でも走ってゆく身体能力《のうりょく》の高さには、驚嘆《きょうたん》するほかありません。

10年の時を経《へ》て

このように、春にブナの樹上《じゅじょう》に上るツキノワグマを見つけるまでには10年以上かかりましたが、経験《けいけん》を重ねたことで、クマの習性《しゅうせい》への理解《りかい》も進みました。

現在《げんざい》では専門《せんもん》的な知識《ちしき》も、パソコンやタブレットで検索《けんさく》すればいくらでも出てきます。私自身《わたし》も、20代までは数百枚《まい》の地形図を買い求めては等高線を熟読《じゅくどく》していましたが、今ではパソコンの画面で見るようになり、便利さを享受《きょうじゅ》しています。

ただ、ツキノワグマを追いかけるなかで痛感《つうかん》したことは、野生動物を相手にする場合には、観察者の側の能力《のうりょく》を高めていく過程《かてい》がいかに重要かということです。

午前6時過《す》ぎ、ブナの枝先《えださき》で花芽《はなめ》を食べる

知識《ちしき》を得《え》ることと、観察眼《かんさつがん》を高めてゆくことは、同じではありません。ツキノワグマを見つけられるようになるまでにかかった10年は、それなりに長い時間でしたが、私《わたし》自身が観察眼《かんさつがん》を養い、思考を深めていくうえで必要な時間でした。

いま、私《わたし》も書き手として情報《じょうほう》を発信する側にいますが、この本が手軽に情報《じょうほう》を得《え》るためのものにならないようにするためにはどうすればよいか、自然観察の楽しさを伝えるには何を書けばよいのか、それなりに悩《なや》み、考えたうえで、クマに関しては私《わたし》自身が専門《せんもん》家ではないからこそ、観察を重ねるなかで思索《しさく》を重ね、解《と》き明かしてゆく楽しさを書こうと思いました。

第3章　ツキノワグマの生活の全体像《ぞう》

断片《だんぺん》をつなぎあわせて

ツキノワグマが人間の生活圏《けん》に姿《すがた》を見せるのは、わずかなひとときでしかありません。ふだん、人目に触《ふ》れない場所で、ツキノワグマはどのような生活を送っているのでしょうか。観察してきた個々《ここ》のクマの痕跡《こんせき》をつなぎあわせて、1年をどのように過《す》ごしているのかという全体像《ぞう》を組み立てようとしています。すべてを書こうとすると長くなりすぎるため、ここでは6つの切り口を選んで、解《と》き明かしてゆく過程《かてい》を紹介《しょうかい》したいと思います。

私《わたし》は哺乳類《ほにゅうるい》のことは専門《せんもん》外ですので、必要な場面では、3人の専門《せんもん》家に相談してきました。ひとりは山形県鶴岡《つるおか》市在住《ざいじゅう》の鵜野《うの》レイナさん。ツキノワグマの遺伝《いでん》子《し》の研究をしてきた人で、大学院生のときからクマ狩《が》りの集団《しゅうだん》である猟友《りょうゆう》会にも入り、今は行政《ぎょうせい》の職員《しょくいん》としてクマ対策《たいさく》にあたっています。遺伝子《いでんし》の専門家《せんもんか》ですが、山での生態《せいたい》や行動をしっかりと見てきた人です。もうひとりは岩手大学の大学院生、渡邉颯太《わたなべそうた》君。秋田県鹿角《かづの》市の山中で、ツキノワグマの行動を研究しています。さらに、学生時代からの旧知《きゅうち》の仲である兵庫県立大学の藤木大介《ふじきだいすけ》さんにも意見を求めることがあります。この3人とは、野外での生態《せいたい》や行動を自分の眼《め》で観察することに重きを置いてきた点で、普段《ふだん》から話が合います。

そして、原稿《げんこう》を書き上げた段階《だんかい》で、山形県小国町《おぐにまち》にいくつかあるクマ狩《が》りの班《はん》のうち、「金目班《かなめはん》」の重鎮《じゅうちん》、草刈《くさかり》広一さんにも相談しました。草刈《くさかり》さんは炭焼きや山小屋の管理をされながら、地域《ちいき》の昆虫《こんちゅう》を調べ、発信してこられた方でもあります。ツキノワグマに関しても、私《わたし》が少数の事例をみて大きな思い違《ちが》いをしていないかどうか、書いていることに普遍性《ふへんせい》があるかどうかを相談し、多くの重要な点を教わりました。

ツキノワグマがブナの花芽《はなめ》を食べた跡《あと》

食べずに落とされたブナの花芽《はなめ》

1. 春はブナに上る

●雑《ざつ》な食べ方

ツキノワグマは春にほころびかけたブナの新芽を食べますが、葉が広がってしまえば、あとは見向きもしません。特に、蕾《つぼみ》の入った花芽《はなめ》を好みます。晩春《ばんしゅん》に尾根《おね》道をたどっていると、ブナの根本に花芽《はなめ》がついた小枝《こえだ》が折り重なっている場面を見かけることがあり、見上げるとそこだけ枝《えだ》がなくなって青空が見え、どれほどたくさんの枝《えだ》を折って食べたのかを思い知ります。なお、春にはクマ棚《だな》を見たことがありません。

新潟県村上《むらかみ》市の朝日山系《あさひさんけい》の4カ所では、計8本のブナで足をとめて観察しました。それにしても、食べ方の何と雑《ざつ》なことか。枝《えだ》を折ってしまうのに、たくさんの花芽《はなめ》が残っているのは実にもったいないことで、歯でこそぎ落とせる部分だけを口に入れると、そのまま枝《えだ》を捨《す》てているようです。つまり、ことブナの新芽に関していえば、クマの食べ方は非常《ひじょう》に雑《ざつ》なのです。ブナの新芽はいくらでもあることから、丁寧《ていねい》に食べることよりも効率《こうりつ》を優先《ゆうせん》しているように見えます。

どれぐらい雑《ざつ》なのかを記録しておこうと思い、村上《むらかみ》市の山中で、同行している若者《わかもの》らに手伝ってもらいながら、試しにブナの下に積もった枝《えだ》（長さ20～100センチメートル、平均《へいきん》は47センチメートル）を50本拾い、残ってる花芽《はなめ》の数を数えてみました。2024年5月19日のことです。食べられていたのは29・5％でしたので、折った枝《えだ》についている花芽《はなめ》の2／3以上は、食べずに捨《す》てていたことになります。

こうした調査《ちょうさ》を重ねていけば、それぞれのクマがどれだけ上手に食べているのかがわかるだろう、子連れの場合はどうだろうか、などと調べる構想《こうそう》を膨《ふく》らませていましたが、思いがけない落とし穴《あな》がありました。枝《えだ》を拾って数えているうちに、近くでサルの糞《ふん》も見つけてしまったのです。サルは移動しながら食べていくのに対し、今回は1本の木で集中的に食べていることから、ツキノワグマがここで食べていたことは間違《まちが》いないのですが、そのあとにサルも通り過《す》ぎていったとすれば、ごく少数とはいえニホンザルの食べ跡《あと》が混《ま》じっている可能性《かのうせい》があります。正確《せいかく》に調べるには、まずツキノワグマとニホンザルの食痕《こん》を完全に区別することが前提《ぜんてい》なのは、いうまでもありません。

ただ、枝《えだ》を折って一部の新芽だけを食べる習性《しゅうせい》は、クマもサルもまったく同じです。いったいどうすれば区別できるだろうか。今のところ、ツキノワグマが食べていた現場《げんば》にその日のうちに行き、明らかにその日に落とされた枝《えだ》を数えるなど、状況証拠《じょうきょうしょうこ》からサルの食べ跡《あと》と区別するほかなさそうです。

また、草刈《くさかり》さんからは「クマ狩《が》りを続けてきた朝日連峰《あさひれんぽう》南東部では、新芽を食べるときには花芽《はなめ》がない木に上っている。周囲《しゅうい》のクマ狩《が》りの仲間にも確《たし》かめたが、同じ回答だった。生態《せいたい》に地域《ちいき》差があるのかもしれないが、必ずしも花芽《はなめ》だけを選んで食べるわけではない」と教わりました。

私《わたし》自身が朝日連峰《あさひれんぽう》の北西側で、ツキノワグマがブナの新芽を食べている場面を観察した約20例では、いずれも花芽《はなめ》のついたブナに上っており、花芽《はなめ》がなければすぐに木から下りていました。大井沢《さわ》の前田武《たけし》さんからも、花芽《はなめ》のついた木に上ると教わり、いただいたクマの胃袋《いぶくろ》の中身もブナの花芽《はなめ》で満たされていました。しかし、以前、草刈《くさかり》さんからいただいた胃《い》の中身が花芽《はなめ》ではないブナの新芽で満たされていたことは前章でも書いた通りです。それに、ブナの花は毎年咲《さ》くとは限《かぎ》りません。これが地域性《ちいきせい》なのか、それとも他の地域《ちいき》でも花芽《はなめ》以外を食べているのか。これからも時間をかけて解《と》き明かすべき課題が増えました。

●爪《つめ》を立てずに上るのか

疑問《ぎもん》はもうひとつあります。はるか樹上《じゅじょう》には派手《はで》に枝《えだ》を折った跡《あと》があるのに、幹《みき》にはクマの爪跡《つめあと》がないのです。いや、古い爪跡《つめあと》はいくつもあるのに、「この春につけました」という新しい爪跡《つめあと》がないのです。先に新芽を食べた跡《あと》を観察した8本のブナには、明らかに1カ月ほど前に樹上《じゅじょう》で枝《えだ》を折った跡《あと》があるものの、幹《みき》にはまったく爪跡《つめあと》が見当たりませんでした。周囲《しゅうい》のブナには爪跡《つめあと》はたくさん残されていますので、爪《つめ》を立てて上ることも決して珍《めずら》しいことではないはずです。

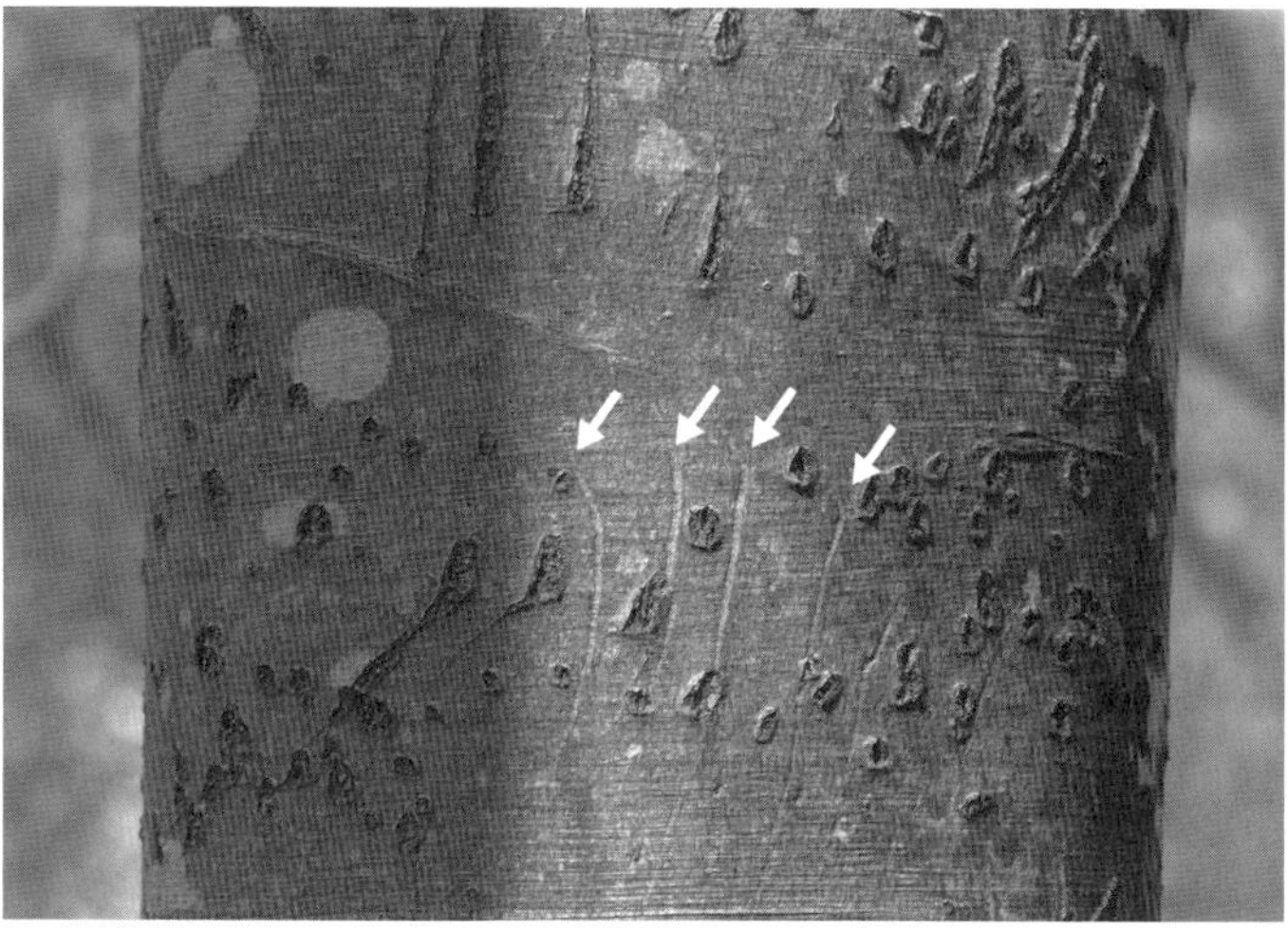

ブナの幹《みき》に残されたツキノワグマの爪跡《つめあと》。上るときには点、下りるときには体重をかけるので線になる。新しい爪跡《つめあと》（矢印）は細く、年月とともに大きくなる

ブナの樹皮《じゅひ》は表面が剥《は》がれたりしないことから、傷跡《きずあと》はいつまでも残ります。ツキノワグマは、ブナには新芽を食べる春ばかりでなく、実を食べる秋にも上ります。もし、木に上るたびに必ず爪跡《つめあと》を残すのならば、毎年爪跡《つめあと》をつけられた幹《みき》は傷《きず》だらけになってしまうでしょう。足の裏《うら》の肉球でしっかり上ることができる場合には爪《つめ》を使わず、どうしても難《むずか》しい場面にのみ樹皮《じゅひ》に爪《つめ》を立てているのではないかと考えました。

　自信たっぷりに鵜野《うの》さんや渡邉《わたなべ》

君に話すと、意外にも、2人からは「まさか」という声が返ってきました。鵜野《うの》さんは「私《わたし》が見たときには、確《たし》かに爪跡《つめあと》はあった」と言われます。でも、私《わたし》は爪《つめ》跡《あと》のない幹《みき》を、何本もこの目で見ているので、見間違《みまちが》いではありません。

個体《こたい》によって木登りの上手下手があるのではないか。あるいは、雨で幹《みき》が濡《ぬ》れると滑《すべ》るのではないか。仮説《かせつ》はいくつも浮《う》かびます。その場面を近くで見ることができる日がすぐに来るのかどうかはわかりませんが、こうして考えれば考えるほど、次に観察する場面での注意力が養われてゆくことも確《たし》かです。

2. クマ剥《は》ぎ

●なんのためにやるのだろう

5月から7月にかけて、ツキノワグマがスギの人工林で次々《つぎつぎ》に樹皮《じゅひ》を剥《は》いでまわる「クマ剥《は》ぎ」という行動がみられます。生木の樹皮《じゅひ》を剥《は》がす、非常《ひじょう》に乱暴《らんぼう》に見える行動です。

スギにみられた「クマ剥《は》ぎ」

2018年から山形県小国町《おぐにまち》と新潟県村上《むらかみ》市で重点的に観察しているうちに、傾向《けいこう》がつかめてきました。とりあえず剥《は》いでみて、「当たり」の木は、樹皮《じゅひ》の下の形成層《そう》をすきまなく削《けず》りながら丁寧《ていねい》に舐《な》めていますが、「はずれ」の木だと、ひと口ふた口舐《な》めただけでやめています。それは樹《じゅ》皮《ひ》を剥《は》いだ部分に残された歯形の密《みつ》度《ど》でわかります。そして、前年あるいは数年前に剥《は》いだ木の残りの樹皮《じゅひ》を剥《は》いで、狭《せま》い部分をすきまなく舐《な》めている場面も増《ふ》えてきています。

つまり、クマはなにか特定の成分を

ツキノワグマが「クマ剥《は》ぎ」でスギの樹皮《じゅひ》下を食べた痕跡《こんせき》

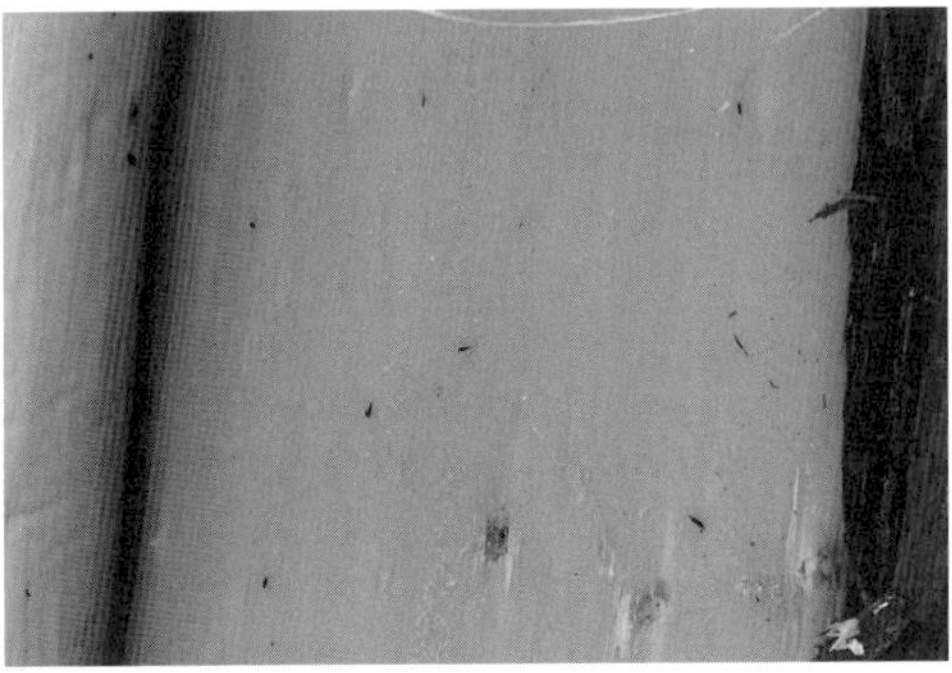

剥《は》いだけれどもまったく食べていない例

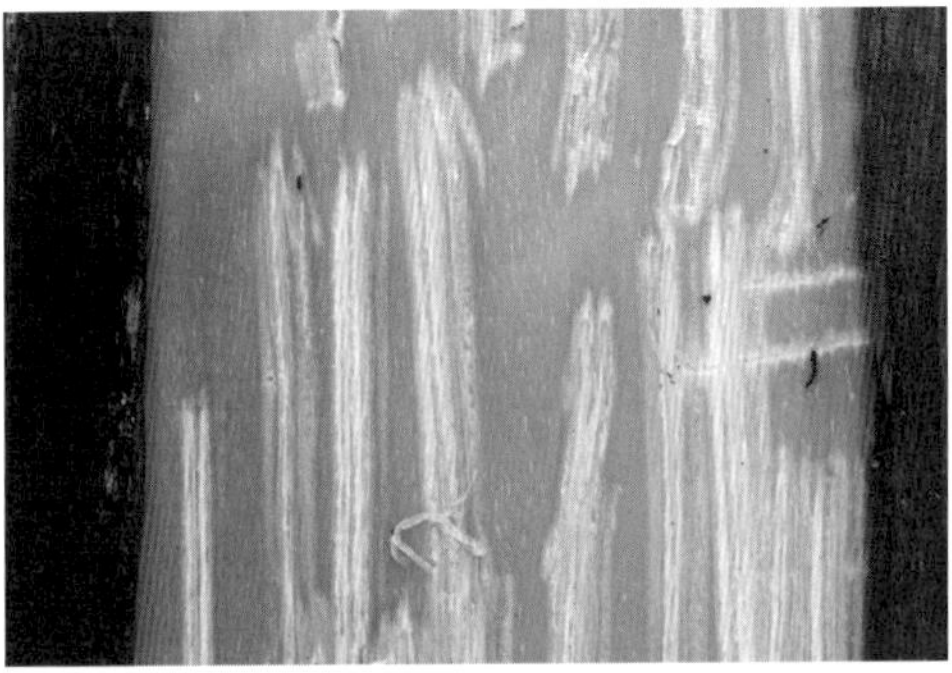

剥《は》いだ部分を雑《ざつ》に食べた例

歯ですみずみまで削《けず》り、しっかりと食べた例

必要としてこの行動を続けているようですが、目的の成分はスギならどの木にでも含《ふく》まれているわけではなく、当たりが出るまで樹皮《じゅひ》を剥《は》ぎ続け、出ればしっかりと舐《な》めるということを繰《く》り返しているようなのです。

ツキノワグマが求めている成分はいったい何なのか。何年にもわたって剥《は》がれ続け、しっかり舐《な》められている木の形成層《そう》を成分分析《ぶんせき》して、途中《とちゅう》で舐《な》めるのをやめている木のものと比較《ひかく》すれば、絞《しぼ》り込《こ》めそうに思いますが、まだ特定されていません。

クマ剥《は》ぎが見られる樹種《じゅしゅ》はスギが大半で、針葉樹《しんようじゅ》のヒノキ、そして広葉樹《じゅ》ではホオノキ・ウルシ・ミズナラで見たことがあります。スギの場合、幹《みき》の全周にわたって樹皮《じゅひ》を剥《は》がれると枯《か》れてしまいますし、一部だけが剥《は》がれた場合にも枯《か》れないにせよ、そこから木材を腐《くさ》らせる菌《きん》が入るので、材木としての価値《かち》はなくなってしまいます。

ホオノキにみられた「クマ剥《は》ぎ」の跡《あと》

●いつからやっているのだろう

クマ剥《は》ぎは、いつ頃《ころ》から起こり始めたのか。山形県では１９６４年から、スギの人工林でのクマ剥《は》ぎが、米沢《よねざわ》市吾妻《あづま》山系《さんけい》で起こり始めたという報告《ほうこく》があり、「それまで知られていなかった」と書かれています（文献《ぶんけん》７）。さらに、別の文献《ぶんけん》には、１９９０年代の時点では「朝日《あさひ》・飯豊山《いいでさん》系《けい》では被害《ひがい》が少ない」と書かれています（文献《ぶんけん》８）。私《わたし》が飯豊《いいで》山系《さんけい》や朝日《あさひ》山系《さんけい》でクマ剥《は》ぎを頻繁《ひんぱん》に見かけるようになったのは２０１０年代の後半に入ってからで、この地域《ちいき》に関しては、近年になって急速に広がっていると感じています。

スギは日本列島に固有の樹木《じゅもく》で、自生している場所は全国にありますが、本来の分布《ぶんぷ》は非常《ひじょう》に限《かぎ》られていました。各地で造林《ぞうりん》されるようになったのは、日本の樹木《じゅもく》を見渡《みわた》しても、スギのように生長が早く、幹《みき》がまっすぐなうえに、建物の柱にしたときに材質《ざいしつ》のよい木は他には見当たらないためです。戦後の拡大造林政策《かくだいぞうりんせいさく》もあって、現在《げんざい》では植えられていない山を探《さが》す方が難《むずか》しいぐらいに広く植えられています。つまり、この習性《しゅうせい》も、人間による環境《かんきょう》の改変と連動して広がってきたと捉《とら》えることができます。

●冬眠《とうみん》前に針葉樹《しんようじゅ》の脂《あぶら》を舐《な》める

大井沢《おおいさわ》の前田武《たけし》さんに、残雪の上でのツキノワグマ探《さが》しに連れて行っていただいた際《さい》に、前年の秋に樹皮《じゅひ》を剥《は》がれて真新しい樹脂《じゅし》(松脂《まつやに》)がだらだらと流れているヒメコマツの幹《みき》を指して、「クマはこれを舐《な》めることで冬眠《とうみん》前に便を止める」と教わりました。その根元には、越冬《えっとう》開けに最初にするという干《ひ》からびた糞《ふん》も落ちていましたが、叩《たた》いて音がするほど固くて光沢《こうたく》がありました。

その後、針葉樹《しんようじゅ》の樹皮《じゅひ》に傷《きず》をつけて樹脂《じゅし》を出す場面は繰《く》り返し見てきました。大部分はヒメコマツに作られていますが、標高の低い場所ではアカマツ（自然林）やカラマツ（人工林）でも見ています。この樹脂《じゅし》を出すための樹皮《じゅひ》剥《は》ぎは、一見したところ初夏のクマ剥《は》ぎと似《に》ていますが、最初に「秋に樹脂《じゅし》を舐《な》めるため」と教わったことが固定観念にもなって、長くクマ剥《は》ぎとは別のものと考えてきました。

しかし、草刈《くさかり》広一さんからは、「マツ類は樹皮《じゅひ》が剥《は》がれにくいだけで、クマ剥《は》ぎと同じものではないか。もともとヒメコマツの樹皮《じゅひ》を剥《は》いでいたものが、近年スギにも広がったのではないか」とのご意見をいただきました。言われてみれば、明確《めいかく》な区別点がありません。ヒメコマツの剥《は》がれた跡《あと》はいつも早春や晩秋《ばんしゅう》に見ることが多く、記憶《きおく》をたどっても、いつ剥《は》いでいるのかという観察はできていませんし、表面は樹脂《じゅし》に覆《おお》われており、樹皮《じゅひ》を剥《は》がれた直後の幹《みき》に歯形があるのかど

ツキノワグマがヒメコマツの樹皮《じゅひ》を剥《は》ぎ、樹脂《じゅし》が白く流れ出した跡《あと》。これは
スギの「クマ剥《は》ぎ」と同じ行動なのだろうか

うかを確《たし》かめることもできていません。ただ、スギにクマ剥《は》ぎが起こっているのと同時期に、ヒメコマツが生える尾根《おね》も歩いてきましたが、ヒメコマツでは「剥《は》がれたばかりの跡《あと》」を見たことがありません。これがクマ剥《は》ぎと同じ行動なのかどうかを、さらに調べねばと思います。

●広葉樹《こうようじゅ》に見られるクマ剥《は》ぎ

新潟と山形の県境《けんきょう》にまたがる女川《おながわ》という川の上流部には、標高が低いにもかかわらず、地形があまりに険《けわ》しいために人が暮《く》らすことはおろか、林道をつくることもできなかった地域《ちいき》があります。周囲《しゅうい》5キロ以内に集落も道路もなく、もちろんスギの造林《ぞうりん》地はありません。その谷底のわずかな平坦《へいたん》地に広がるブナ林を訪《おとず》れたときのこと、ブナの極相林《きょくそうりん》（原生林）のなかで、ホオノキの幹《みき》にクマ剥《は》ぎの跡《あと》を、やや離《はな》れた場所で2本見つけたのです。剥《は》がれた部分には噛《か》み跡《あと》がびっしりとついています。

これまでにもクマによって樹皮《じゅひ》を剥《は》がれた少数のホオノキやミズナラを見たこ

とはありましたが、それらはクマ剥《は》ぎが多発したスギ林の縁《へり》にあったうえに、剥《は》いだ部分を齧《かじ》った跡《あと》も見られなかったため、食べることとは別の意味があるのかとも考えました。しかし、この場面を見たことで、目的をもってホオノキの皮を剥《は》いでいることを知ったのです。

求めている物質《ぶっしつ》が、スギとホオノキで類似《るいじ》したものとは限《かぎ》りませんが、少数の木の樹皮《じゅひ》だけを剥《は》いでいることからすれば、特定の成分を薬のように求めている可能性《かのうせい》が高いのではないだろうかと考えています。次項《じこう》で触《ふ》れますが、同じ時期にはミズバショウの葉を食べている場面も観察していますので、食性《しょくせい》の全体像《ぞう》を見渡《みわた》し、特定の成分を必要とするような行動を絞《しぼ》り込《こ》んでいくことを続けるつもりです。

3. さまざまな食べもの

ツキノワグマは雑食性《ざっしょくせい》で、さまざまなものを食べていることは、いろいろな本に書かれています。一般《いっぱん》的には、やみくもに歩いて目の前のものを食べる、というように受け止められていることが多いのですが、鵜野《うの》さんや渡邉《わたなべ》君から教わり続けるなかで、実際《じっさい》にはさまざまな植物の生えている場所を記憶《きおく》し、毎年の結実状況《じょうきょう》を確《たし》かめ、季節になれば的確《てきかく》に移動《いどう》するなど、計画的に行動しているのではないかと受け止めています。

●ミズバショウを食べる

ミズバショウといえば、尾瀬《おぜ》のような大きな湿原《しつげん》で春に真っ白に花を咲《さ》かせる光景がよく知られていますが、東北地方ではずっと身近な植物で、ブナ林のなかの小さな谷間に点々《てんてん》と花を咲《さ》かせています。人間からみれば、美しい花であると同時に毒草《どくそう》としても知られていますが、ツキノワグマはミズバショウを食べます。春に花を食べることもありますが、大人の腰《こし》のあたりまで伸《の》びた大きな葉を食べた跡《あと》を、初夏や初秋に見たことがあります。人間にとって有毒《ゆうどく》な成分でも、クマにとっては毒《どく》ではないのでしょう。ここで重要なのは、同じ場所にたくさん生えていても、食べている葉は数枚《まい》に限《かぎ》られているので、明らかに主食として食べているわけではないことです。クマ剥《は》ぎの項《こう》でも触《ふ》れましたが、なにか特定の場面で、人間にとっての薬草のような使い方をしている可能性《かのうせい》が高いと考えています。

●動物を襲《おそ》う

ツキノワグマが動物を襲《おそ》う場面を見たことがあります。2020年6月20日、兵庫県北部の低山のブナ林でのことでした。林道の角を曲がったら正面にツキノワグマがいたので、あわてて見えないところまで戻《もど》ってカメラのレンズを交換《こうかん》していると、クマは逃《に》げるどころかこちらに向かって走り出します。まずい、と少し離《はな》れて身を隠《かく》したところ、クマは斜面《しゃめん》を下に向かって走り、直後にシカの子どもと思われる悲鳴と、母親のシカの鋭《するど》い鳴き声が聞こえました。藪《やぶ》の向こうに目をこらすと、仔《こ》ジカをくわえて歩き去るツキノワグマの影《かげ》が少し見えましたが、すぐに見えなくなりました。

この山は1990年代前半から通い詰《つ》めた場所で、当時からツキノワグマの爪《つめ》

以前は背丈《せたけ》を越《こ》すチシマザサに覆《おお》われていたが、シカの食害によって下草が消えたブナ林

跡《あと》は見ていましたが、現在《げんざい》では全《ぜん》域《いき》でシカの食害によって林の下草が消え、たくさん飛び交っていたギフチョウも、夢中《むちゅう》で名前を覚えながら調べ歩いた植物の多くもなくなりました。もちろん、春にツキノワグマが好むアザミ類やフキも、シカが歩けない急な崖《がけ》を除《のぞ》いてすっかり消えています。抑《おさ》えきれない寂《さび》しさを抱《かか》えながら、大規《だいき》模《ぼ》に起こっているシカの食害が、ツキノワグマの食性《しょくせい》にも影響《えいきょう》を与《あた》えているのだろうと受け止めました。

シカの食害によるツキノワグマの食性《しょくせい》の変化についてては、学生時代にこの山を一緒《いっしょ》に歩いた仲間でもある兵庫県立大学の藤木《ふじき》さんが、研究を続けておられます。

●ミツバチを襲《おそ》う

夏になると、ツキノワグマはサクラ類やクワなどの木の実を食べる以外にも、好んで現《あらわ》れる場所があります。それはミツバチの巣です。養蜂《ようほう》家が並《なら》べたセイヨウミツバチの巣箱が襲《おそ》われることもありますし、自然状態《じょうたい》で木の洞《ほら》に巣を作っているトウヨウミツバチの巣が食べられた跡《あと》もしばしば見かけます。

この痕跡《こんせき》は、草が枯《か》れた冬になると目にとまります。山形県鶴岡《つるおか》市の海岸に近い林では、キリとヤマザクラの洞《ほら》に作られたトウヨウミツバチの巣のまわりを大きく齧《かじ》り、手が入る大きさにまで穴《あな》を広げた跡《あと》がありましたし、同南陽《なんよう》市ではクワの生木の洞《ほら》のまわりが同じように齧《かじ》られており、材質《ざいしつ》が硬《かた》いクワをよくここまで齧《かじ》ったものだと感心しました。

クマがキリの樹洞《じゅどう》につくられたトウヨウミツバチの巣を食べた跡《あと》

なお、ハチクマというワシの仲間（鳥類）はクロスズメバチの巣を襲《おそ》い、好んで幼虫《ようちゅう》を食べますが、ツキノワグマは明らかにハチミツを目的に、ミツバチの巣を狙《ねら》っています。鶴岡《つるおか》市では、民家の物置小屋の壁《かべ》の間につくられたトウヨウミツバチの巣を狙《ねら》って、壁板《かべいた》を大きく剥《は》がした場面を見たこともありました。この時には、8月に入ってから2晩《ばん》にわたって訪《おとず》れ、巣をすみずみまで食べていったとのことでした。

4．ドングリを食べる

●ツキノワグマの糞《ふん》は情報《じょうほう》の宝庫《ほうこ》

秋にドングリを食べるために、コナラやミズナラにできたクマ棚《だな》は、これまで山形県の周辺ではコナラ・ミズナラ・カシワ・クヌギ・アベマキで見ています。クマ棚《だな》は多くの場合、冬に落葉してから目にとまるようになるので、早い時期には気づきにくいのですが、まだドングリの実が青い9月中旬《ちゅうじゅん》から、実が茶色に色づいて落ち始める10月まで、連続的に作られているようです。

また、ツキノワグマの糞《ふん》を見つけたときには、いつも注意深く観察するようにしています。たいていは糞《ふん》というだけで敬遠《けいえん》されますが、動物の行動を見るうえでは情報《じょうほう》の宝庫《ほうこ》です。含《ふく》まれている種子の形をみれば、何の実を食べていたのか、もっといえば何の木に上り、地表で何を食べていたのかを知ることができますし、しばらく雨に打たれたツキノワグマの糞《ふん》は余計《よけい》なものが流されて、植物の種子の

ミズナラの実（右）と、ミズナラを食べたツキノワグマの糞《ふん》（左）。殻《から》が含《ふく》まれていない（左のドングリの殻斗《かくと》は後で落ちてきたもの）

ブナの実（右）と、ブナを食べたツキノワグマの糞《ふん》（左）。たくさんの殻《から》が含《ふく》まれている

かたまりになっています。

●皮を口のなかで外すのだろうか

ミズナラやクヌギのドングリを食べたクマの糞《ふん》を見て、違和《いわ》感をおぼえました。まるでモンブランのようにペースト状《じょう》で、殻《から》が含《ふく》まれていないのです。それは、各地で見たクリでできた糞《ふん》についても同じです。クリを食べた跡《あと》を観察した際《さい》には、外側の固い皮（鬼皮《おにかわ》と呼《よ》ばれます）が地面に散乱《さんらん》していました。実の大きなクリならまだわかるのですが、より小さいミズナラまで殻《から》を外して食べています。その際《さい》に手を使うとは考えられませんので、おそらく口のなかで皮を外しているはずなのです。

一方で、ブナの実を食べたクマの糞《ふん》には、常《つね》に殻《から》がびっしりと詰《つ》まっていますし、より実が小さなソバやイネでも同じです。どれぐらいの大きさの実までなら殻《から》を外すことができて、どれぐらいならそのまま食べてしまうのか。解《と》き明かしたいことは、まだたくさんあります。

5.「クマの寝床《ねどこ》」は本当にクマのものなのか

地図を片手《かたて》に道のない山を歩くことに熱中していた20歳《さい》の頃《ころ》に、兵庫県の日本海を見下ろす久斗山《くとやま》で、尾根《おね》のブナ林を1日かけてたどったことがあります。下山した集落で農作業をしておられる方に挨拶《あいさつ》をすると、「クマの寝床《ねどこ》を見てきたか」と言われました。ササを刈《か》りとって敷《し》き詰《つ》めた跡《あと》があっただろう、それがクマの寝床《ねどこ》だ、と。確《たし》かに、稜線《りょうせん》をたどっているときに不自然にササがなくなった場所を見てきたばかりです。

その後、同じ久斗山《くとやま》の別の場所や山形県で同じものを見る場面がありました。これらは最初に「クマの寝床《ねどこ》」と教えられたことから、長くそのように思い込《こ》んでいましたし、私《わたし》自身もまた、このような手の込《こ》んだものを作る哺乳類《ほにゅうるい》といえばクマ以外に考えられませんでした。

ところが、思いがけないところから疑問《ぎもん》が出てきたのです。２０２4年5月に、

ブナ林の尾根《おね》で見かけた動物の寝床《ねどこ》。後にイノシシのものと判明《はんめい》した

新潟県村上市《むらかみ》の道のない稜線《りょうせん》の上で植物を調べていたときのこと、久《ひさ》しぶりに同じようにササを敷《し》き詰《つ》めた寝床《ねどこ》に出会いました。周囲《しゅうい》のササやクロモジ・ヤマウルシなどの低木は同じ高さで折られ、まるで鎌《かま》を使って刈《か》り取ったかのように敷《し》き詰《つ》められています。同行している若者《わかもの》らとともに、やはりクマだろう、いや、クマとしか考えられない、イノシシではこんな細かな作業は無理だろう、と話し合いました。近くにイノシシの痕跡《こんせき》もありましたが、蒐場《ぬたば》といって、少し水のある場所を泥々《どろどろ》に掻《か》き

まわして泥《どろ》を浴びる様子は、さきほどの丁寧《ていねい》に作られた寝床《ねどこ》とはあまりに対照的でした。

この写真をブログに載《の》せたところ、やはりクマだと思う、という意見をいくつかいただきましたが、福島県南相馬《みなみそうま》市で植物を調べておられる伊賀和子《いがかずこ》さんから「こちらでも同じものを撮《と》っている、こちらではイノシシの産座《さんざ》と聞いている」という写真を見せていただいたのです。そこにはきわめて似《に》たものが写されていました。これは非常《ひじょう》に重要な情報《じょうほう》でした。南相馬《みなみそうま》市を含《ふく》む阿武隈山地《あぶくまさんち》にはイノシシは非常《ひじょう》に多いものの、ツキノワグマはほぼ生息していないからです。

はたして、これはイノシシかツキノワグマかどちらのものか。鵜野《うの》さんも渡邉《わたなべ》君も、少し雪がある時期に足跡《あしあと》を追跡《ついせき》しながら、「明らかにここでクマが寝《ね》ていた」という痕跡《こんせき》を見たことがあるといいます。写真を見せてもらいましたが、それは木の根元に囲《かこ》まれた空間で、樹皮《じゅひ》を剥《は》いで敷《し》いたりしているものの、ずっと簡素《かんそ》なものでした。私《わたし》もまた、明らかなクマの寝床《ねどこ》と考えられるものを観察する機会がありました。私《わたし》が10日前に草を刈《か》ったばかりの草原で、直径3メートルほどの範囲《はんい》の草がおそらく体の重みで倒《たお》されており、脇《わき》には大きなツキノワグマの糞《ふん》がありました。クマの寝床《ねどこ》は、イノシシよりもずっと簡素《かんそ》なものだったのです。

また、鵜野《うの》さんはイノシシについても、私《わたし》が村上《むらかみ》市で見たものと同様の寝床《ねどこ》から、飛び出して逃《に》げてゆく姿《すがた》を見たことがあるといいます。これで、今後は寝床《ねどこ》を見て、イノシシかツキノワグマかと迷《まよ》うことはなくなりそうです。

第4章　クマ狩《が》りという文化

有害捕獲《ほかく》と狩猟《しゅりょう》は別のもの

人とクマとの間には、猟《りょう》によって駆除《くじょ》することでクマの個体《こたい》数を減《へ》らすという関係があります。秋田県でのツキノワグマの大量出没《しゅつぼつ》の謎《なぞ》解《と》きを続けてゆくうえでは、有害駆除《くじょ》や狩猟《しゅりょう》のしくみがどのようになっているのかについても、整理しておく必要があります。

ツキノワグマの捕獲《ほかく》のための制度《せいど》を整理すると、以下のようになります。

(1)許可捕獲《きょかほかく》(①春のクマ狩《が》り、②畑などに出てきた個体《こたい》の有害捕獲《ほかく》)
(2)狩猟《しゅりょう》

許可捕獲《きょかほかく》と狩猟《しゅりょう》の違《ちが》いは、行政《ぎょうせい》が仕事として実施《じっし》するのか、それとも個人《こじん》が趣《しゅ》味《み》で行うのか、という点です。許可捕獲《きょかほかく》のほうは人里に出てくるクマを行政《ぎょうせい》が駆《く》除《じょ》することから、「実施隊《じっしたい》」という組織《そしき》をつくり、一般的《いっぱんてき》には市町村の担当職員《たんとうしょくいん》が責任者《せきにんしゃ》になるのに対して、狩猟《しゅりょう》は個人《こじん》が自分の責任《せきにん》で行います。実際《じっさい》にはどちらも、地域《ちいき》の猟友会《りょうゆうかい》に所属《しょぞく》する人が行っていますので、現場《げんば》に出るのは同じ人々《ひとびと》なのですが、公的な仕事かそうでないかで区別されています。

これらについて、もう少し解説《かいせつ》します。

(1)許可捕獲《きょかほかく》

①春の個体《こたい》数調整

これが一般《いっぱん》的に知られる「クマ狩《が》り」です。本州の豪雪地《ごうせつち》(青森県から長野県までの日本海側)の、集落単位で古くからクマの巻《ま》き狩《が》りが行われてきた地域《ちいき》でのみ実施《じっし》されており、他の地域《ちいき》では行われていません。現在《げんざい》では県によって「特定鳥獣保《ちょうじゅうほ》護《ご》管理計画」という計画が立てられ、それにもとづいて捕獲《ほかく》してもよい個体《こたい》数が決められて、地域《ちいき》ごとのクマ狩《が》りの班《はん》ごとに、数の上限《じょうげん》が割《わ》り当てられます。

有害だから個体《こたい》数を減《へ》らす、という名目が立てられているものの、実際《じっさい》には伝《でん》統《とう》文化であるクマ狩《が》りの文化を守るために作られた制度《せいど》という側面が強いといえます。

②有害捕獲《ほかく》

一般《いっぱん》には有害駆除《くじょ》と呼《よ》ばれていますが、行政《ぎょうせい》上は「有害捕獲《ほかく》」と呼《よ》ばれます。クマが集落に出てきて人に怪我《けが》を負わせそうな場合や、果樹《かじゅ》園や畑を荒《あ》らされて被害《ひがい》が出た場合に行われます。クマが人間の生活圏《けん》に出てくれば出てくるほど、捕獲《ほかく》される数は増加《ぞうか》していきますし、事前にどこに出てくるかは予想できないので、人里にたくさん出てくる年には「獲《と》りすぎではないか」と問題になることがあります。

その他、イノシシ用の檻《おり》やシカのくくりわなにクマが間違《まちが》ってかかってしまった「錯誤捕獲《さくごほかく》」も、毎年一定の数が起こっています。

（2）狩猟《しゅりょう》

狩猟《しゅりょう》は個人《こじん》が趣味《しゅみ》で行う点が、他のふたつとは大きく違《ちが》います。鳥獣保護法《ちょうじゅうほご》で、日本国内で狩猟《しゅりょう》してもよい鳥と動物（狩猟鳥獣《しゅりょうちょうじゅう》）が46種決められているなかに、ツキノワグマも含《ふく》まれています。他には、カモ類やノウサギ、シカ、イノシシなどがあります。捕獲《ほかく》してもよいツキノワグマの個体《こたい》数の上限《じょうげん》は、県ごとに決められています。

猟期《りょうき》は11月1日から2月末までとなっていることが多く、ツキノワグマは越冬《えっとう》に入るので、実質的《じっしつ》には11月前半にしか獲《と》れないしくみになっています。ただ、近年では気候が温暖《おんだん》になり、ツキノワグマが11月下旬《げじゅん》まで活動している場面も目立っています。

春山でのクマ狩《が》り

雪の残る山を舞台《ぶたい》に、集団《しゅうだん》でクマを追い込《こ》んで巻《ま》き狩《が》りをする人々《ひとびと》は、マタギと呼《よ》ばれてきました。有害捕獲《ほかく》が生活圏《けん》に出てきたクマを駆除《くじょ》するのに対して、春のクマ狩《が》りは、本来のクマの生息地に入って行うもので、伝統《でんとう》的な文化です。ですので、この本でも春の狩猟《しゅりょう》だけは「クマ狩《が》り」と呼《よ》んで、他とは区別することにします。

「マタギ」という言葉はよく知られていますが、毛皮をまとったイラストなどで描かれることが多いために、近年では想像《そうぞう》が独《ひと》り歩きしている部分があります。昭和初期までの日本には「サンカ」(山窩《さんか》)と呼《よ》ばれた人々《ひとびと》がおり、木工品の製作《せいさく》や炭焼きをしながら山中を移動《いどう》して生活し、製品《せいひん》を売り歩いていた話が各地に伝わっており、謎《なぞ》が多いだけに伝説も生み出されてきました。しかし、マタギの集落は歴史《れきし》が古いことから、こうした移動《いどう》生活者ではなく、定住して集落をつくっていた人々《ひとびと》であったことが読み取れます。定住は、田畑をつくって農業をしていたことを意味し、集落という共同体だからこそ、高度な巻《ま》き狩《が》りの文化が維持《いじ》されてきたともいえます。

少なくとも、現在《げんざい》クマ狩《が》りを行っている人々《ひとびと》は、狩《か》りのためのすぐれた技能《ぎのう》を持っていることには違《ちが》いありませんが、ふだんは農業や会社勤《つと》めなど、ごく普通《ふつう》の生活をしています。季節になれば猟銃《りょうじゅう》を担《かつ》いで山に入るのですが、今ではスノーモービルなど近代的な道具が使われる地域《ちいき》もあります。

クマ狩《が》りは雪崩《なだれ》地形で

春のクマ狩《が》りの詳細《しょうさい》な方法ついては、たくさんの本が出されていますので、それらを参照していただければと思います。ところで、前章でも登場した、山形県小国町《おぐにまち》でクマ狩《が》りをされている草刈《くさかり》広一さんが、クマ狩《が》りの舞台《ぶたい》が雪崩《なだれ》地形であ

雪崩《なだれ》地形が発達したクマ狩《が》りの舞台《ぶたい》（山形県朝日連峰《あさひれんぽう》）

り、クマの生息場所として雪崩《なだれ》地形が重要であることを2度ほど研究誌《し》に書かれたことがあります（文献《ぶんけん》5・6）。今回は、雪崩《なだれ》地形という特殊《とくしゅ》な地形が発達している地域《ちいき》でなければ、春のクマ狩《が》りは発達しなかったことについて、あらためて触《ふ》れておきたいと思います。

豪雪地《ごうせっち》の山間部で多量の雪が積もると、急斜面《きゅうしゃめん》では雪崩《なだれ》が起こります。斜面《しゃめん》に生えた木々《きぎ》は、雪の重さで引っ張《ぱ》られて折れることが毎年頻繁《ひんぱん》に繰《く》り返されるために、大きくなることができず、岩場に草と低木だけが生えた斜面《しゃめん》になります。なかでも新しい火山ではなく、花崗《かこう》岩のような固い岩でできた山々《やまやま》では、雪崩《なだれ》によって削《けず》られ続けた結果、岩盤《がんばん》が露出《ろしゅつ》した雪崩斜面《なだれしゃめん》が広がります。これは日本海側の豪雪地《ごうせっち》に特有の地形です。

こうした雪崩斜面《なだれしゃめん》がある場所では、ツキノワグマは春先に崖《がけ》に出てきて餌《えさ》をとります。まだ山々《やまやま》が厚《あつ》い雪に覆《おお》われている早春にも、雪崩《なだれ》によって雪が落ちた場所には日が当たるため、植物の芽吹《めぶ》きは雪崩斜面《なだれしゃめん》から始まります。また、谷底にあたる部分には雪崩《なだれ》によって積もった雪が最後まで残り、まわりが初夏になって

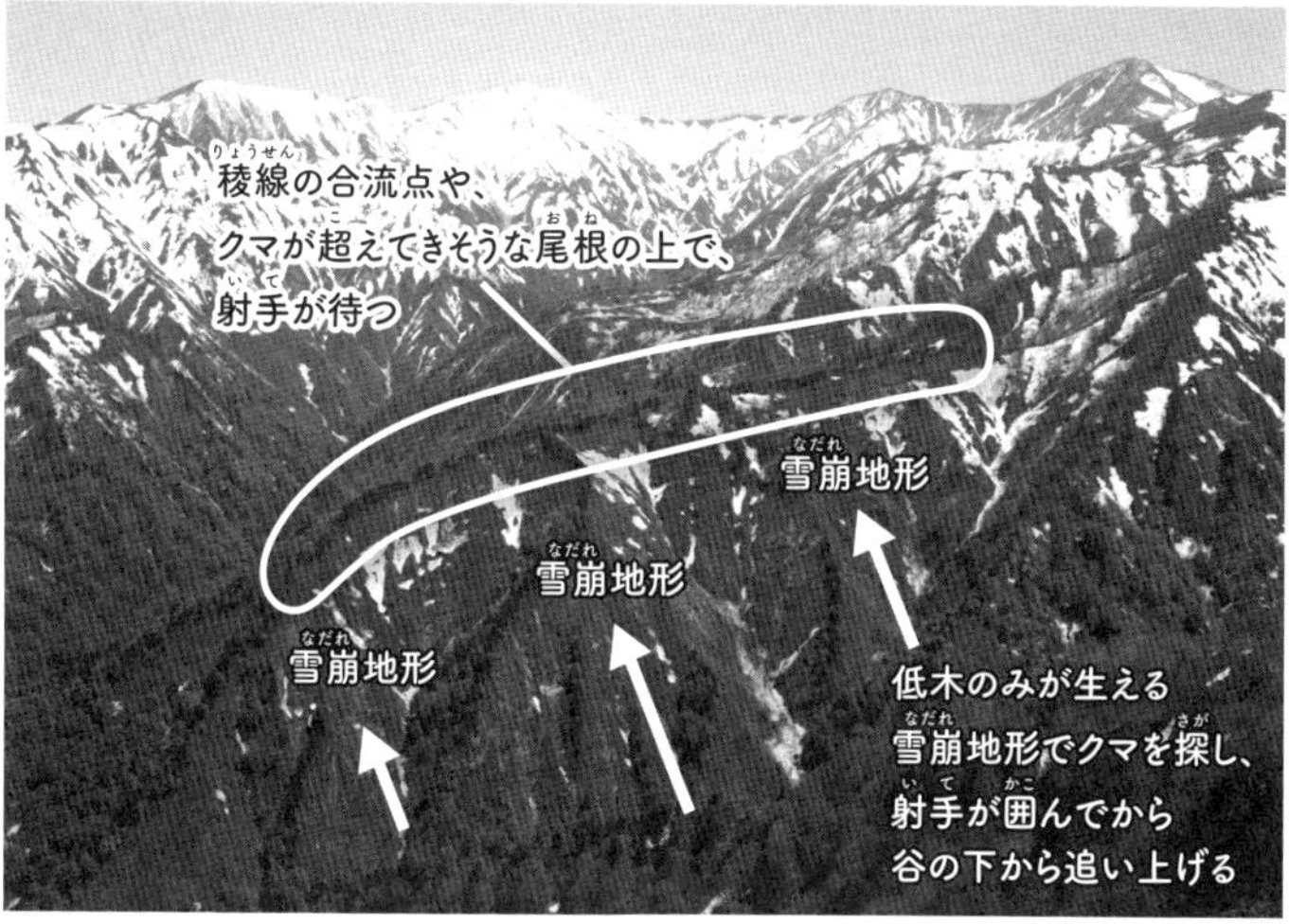

も雪の消え際《ぎわ》だけは早春と同じ状態《じょうたい》で、植物が芽生えてきます。

　クマがなだらかな森のなかにいるときには、その姿《すがた》を見つけるのは非常《ひじょう》に難《むずか》しいことです。しかし、雪崩《なだれ》斜面《しゃめん》に出てきたときには、その姿《すがた》が遠方からも見えます。さらに、雪崩《なだれ》斜面《しゃめん》が他の場所と条件《じょうけん》が違《ちが》うのは、急斜面《きゅうしゃめん》すぎるために、クマが逃《に》げる方向の予測《よそく》がつくことです。クマは人の気配にとても敏感《びんかん》で、森のなかではすぐに身を隠《かく》しますが、雪崩《なだれ》斜面《しゃめん》のように隠《かく》れる場所が少ない場合には、まず下から声を出して上に追い上げると、クマは足場の安定した尾根《おね》に向かって斜面《しゃめん》を登ります。そのうえで、通る可能性《かのうせい》がもっとも高い尾根《おね》の合流点をはじめ、逃《に》げる可能性《かのうせい》がある要所要所に配置された撃《う》ち手がクマを待ちます。

クマは、人間が歩くことができない急斜面《きゅうしゃめん》でも、全力で走って逃《に》げることができるほど、身体能力《のうりょく》にもバランス感覚にもすぐれた生きものです。樹木《じゅもく》の生えていない雪崩《なだれ》地形を利用して、「必ずここを通る」という場所に追い込《こ》まなければ、しとめることはできません。その技術《ぎじゅつ》こそが、春のクマ狩《が》りで最も重要な点でした。もっとも、山間部の住民が狩猟《しゅりょう》のために銃《じゅう》を手にできるようになったのは、近代になってからですので、猟《りょう》の方法は時代にあわせて変化してきたことでしょう。近年では銃《じゅう》の性能《せいのう》も上がり、狩《か》りも多様化していますが、人間よりも身体能《のう》力《りょく》がはるかにすぐれた動物を、地形を利用して、観察眼《かんさつがん》と知恵《ちえ》によって追い込《こ》むことで、捕獲《ほかく》できていたのです。したがって、春のクマ狩《が》りが行われてきたのは、青森県から長野県までの日本海側の地域《ちいき》に限《かぎ》られています。同じ東北地方でも、積雪が少なく雪崩《なだれ》地形ができなかった太平洋側では、クマを追い込《こ》むことができなかったのです。

集《しゅう》団《だん》で引き継《つ》がれた民《みん》俗《ぞく》知《ち》

クマ狩《が》りは年に1カ月ほど、春の短い期間にのみ実施《じっし》されるものですが、集団《しゅうだん》で行いますので、経験《けいけん》の豊富《ほうふ》な年長者から若《わか》い人に技術《ぎじゅつ》と経験《けいけん》が伝えられ、受け継《つ》がれてきました。それは数百年にわたって積み重ねられてきた「民俗知《みんぞくち》」です。

新潟県阿賀町《あがまち》の小瀬ヶ沢《こせさわ》では、川に面した崖《がけ》の中腹《ちゅうふく》の洞窟《どうくつ》から、縄文時代の土器とともに多数のクマとカモシカの骨《ほね》が発掘《はっくつ》されたという記録があります。銃《じゅう》どころか鉄器さえ存在《そんざい》していなかった時代に、いったいどうやって複数《ふくすう》のクマをしとめていたのか、すぐには想像《そうぞう》できませんが、当時から、クマを狩《か》る何らかの方法が生み出されていたはずです。

クマ狩《が》りの集落として著名《ちょめい》な山形県小国町《おぐにまち》小玉川《こたまがわ》では、「ヒラ落とし」あるいは「ヒラ掛《が》け」という、組み合わせた木のトンネルの上に石を積み、クマが通れば崩《くず》れて圧死《あっし》させる仕掛《しか》けが伝わっています。草刈《くさかり》さんからは、同じ小国町《おぐにまち》でも北部の金目《かなめ》ではこの仕掛《しか》けを「オソ」と呼《よ》び、オソを仕掛《しか》けるツキノワグマの通り道を「オソ場」と呼《よ》ぶと教わりました。重要なのは、このヒラやオソは巻《ま》き狩《が》りとは異《こと》なり、個人《こじん》で獲《と》ることを前提《ぜんてい》にした罠《わな》であることです。そして、やはり急峻《きゅうしゅん》な雪崩《なだれ》地形のなかで、ツキノワグマやカモシカが必ずここを通るという場所を選んで仕掛《しか》けられました。

また草刈《くさかり》さんからは、道具が発達していない時代の狩《か》りでは、冬眠《とうみん》中のツキノワグマを獲《と》る「穴見猟《あなみりょう》」が重要な方法だったのではないか、とも教わりました。巻《ま》き狩《が》り以外にも、クマを獲《と》る多様な方法が生み出されており、それらは雪崩《なだれ》地形を利用してツキノワグマの行動を予想し、ここぞという場所で待ち伏《ぶ》せる狩《か》りではなかったか、そして、その発展《はってん》形として、集団《しゅうだん》での巻《ま》き狩《が》りの方法が編《あ》み出されたのではないかと、私《わたし》には思えるのです。

ツキノワグマの狩猟《しゅりょう》をめぐっては、これからも適正個体数《てきせいこたい》という自然科学分野での話と、個体《こたい》を殺《ころ》すことへの抵抗感《ていこう》すなわち社会科学分野での話の両面から、議論《ぎろん》が重ねられていくことでしょう。そこにもうひとつ、長年にわたって引き継《つ》がれてきた文化、すなわち民俗知《みんぞくち》を将来《しょうらい》にわたって引き継《つ》ぐという重要な論点《ろんてん》があることを、強調しておきたいと思います。

第5章　再《ふたた》び、秋田県の現《げん》場《ば》で考える

専門家《せんもんか》を現場《げんば》に誘《さそ》う

再《ふたた》び、舞台《ぶたい》は2023年秋の秋田県に戻《もど》ります。ひとつの集落に10個体《こたい》という数も異常《いじょう》ですが、親子が何組も同じ場所に出てくることにも驚《おどろ》き、気にかかりました。私《わたし》はクマを専門《せんもん》に調べてきたわけではないため、なぜこのようなことが起こっているのかをすぐには説明できません。ここは専門家《せんもんか》に相談しなければと思いました。もっとも、ひとつずつ自分の眼《め》で、起こっていることを確《たし》かめていくという私《わたし》の手法は、ともかく時間がかかります。ツキノワグマの研究をしてきた人で、私《わたし》の考え方を理解《りかい》してくれており、かつ野外での経験《けいけん》が豊富《ほうふ》な人といえば、どうしても限《かぎ》られます。この場面で相談できそうな人は、先にも名前を挙げた、山形県鶴岡《つるおか》市在住《ざいじゅう》の鵜野《うの》レイナさんと兵庫県立大学の藤木大介《ふじきだいすけ》さん、そして岩手大学の大学院生渡邉颯太《わたなべそうた》君の3名です。

今回は東北地方でのことなので、旧知《きゅうち》の鵜野《うの》さんに連絡《れんらく》をとりました。メールを出したのは、3度目に秋田県に行くことにした10月29日の前日のことでした。帰ってから報告《ほうこく》するよりもむしろ、鵜野《うの》さんなら現地《げんち》の状況《じょうきょう》を見たいのではないかと思ったのです。

「さかんに報道《ほうどう》されている秋田県のクマの状況《じょうきょう》を見てきました。ひとつの集落のまわりで、朝の2時間に10個体《こたい》を見ました。今夜からまた行きます。秋田で起こっていることを、単なる大騒《おおさわ》ぎで終わらせずにこの先の政策《せいさく》につなげるにはどうすればいいのか、考え続けています。どこかでお話しできませんか。」

「ぜひお話ししたいです。秋田県の状況《じょうきょう》は気にかかっています。でも朝に現地《げんち》に着いていないと意味がないですよね。家族が仕事から戻《もど》り次第、相談してみます。」

返信はすぐに届《とど》きました。さすが、来てほしいとはひとことも書いていないのに、現地《げんち》に行くことが前提《ぜんてい》になっています。このあと午前3時に「これから一家で向かいます」というメールが入っていましたが、私《わたし》はその頃《ころ》すでに現地《げんち》にいて、刈《か》り入れの終わっていない水田に大きな単独《たんどく》のクマの影《かげ》があるのを、雲間から時折こぼれる月明かりの下で眺《なが》めていました。

昼間に親子が出てくる理由

夜半まで降《ふ》り続いていた雨も小降《こぶ》りになり、朝には上がりました。集落の名前だけを伝え、あとは自分で探《さが》してくださいと伝えていましたが、9時頃《ころ》になり、私《わたし》が見ていたクマの親子の向こう側に鵜野《うの》さんの車が見えました。窓《まど》は双眼《そうがん》鏡の幅《はば》しか開いていませんが、小さなお子さんも、声を立てずに息を潜《ひそ》めているはずです。同じクマの親子を別の角度から見ていること、怪《あや》しまれないよう集落の人とは事前に話をしたことなどをメールで伝え、こちらも観察に集中します。近くで川の護岸《ごがん》工事のために重機が動き出しても、2組の親子のクマはコメを食べ続けていましたが、やがて林に姿《すがた》を消していきました。

イネを食べていた親子3個体《こたい》のツキノワグマ

ひとしきり見たあと、近くで昼食をとりながら情報《じょうほう》を交わしました。

この時、鵜野《うの》さんの口から「昼間に親子ばかりが出てくるのは、オスを恐《おそ》れているからではないか」という言葉が出ました。先に水田に現《あらわ》れていた親子の母親が、近くで動き出した重機や人よりも、しきりに背後《はいご》の林を気にしていたというのです。別の親子が出てきてからも、2組の親子は同じ水田でともに採食《さいしょく》を続けていましたが、もしこれがオスであれば、子連れのメスはその場から逃《に》げていた可能性《かのうせい》が高いだろう、とのことでした。
ツキノワグマは出産後2年目まで、メスが仔《こ》グマを連れて歩きますが、オスがそれを発見すると、仔《こ》グマを殺《ころ》してメスの発情《はつじょう》を促《うなが》す例が知られています。仔《こ》グマを連れたメスにとっては、オスに遭遇《そうぐう》する危険性《きけんせい》が高い山中で行動するよりもむしろ、人の生活圏《けん》のまわりで行動するほうが、危険性《きけんせい》が少ないことを学習した可能性《かのうせい》があるというのです。それがたとえ、人の目に触《ふ》れやすい日中であったとしても。

なるほど、何も知らずにみれば「白昼堂々《どうどう》と出てくる」「遠くに人の姿《すがた》や重機があっても逃《に》げない」といったことを根拠《こんきょ》に、人に慣《な》れたクマが出現《しゅつげん》したのではないかと判断《はんだん》しかねない場面ですが、生態《せいたい》を知ることで、クマの行動を読み解《と》くことができます。夜間に水田に単独《たんどく》で出ていた大きなツキノワグマがオスではなかったかと考えられるのですが、その個体《こたい》がいる間には親子は出てこず、明るくなってから出てきたことも説明できます。それに、長く観察を続けてきた鵜野《うの》さんから教わることで、私自身《わたし》が双眼鏡《そうがん》を手にする際《さい》にも、気づくことが増《ふ》えていきます。

同じころ、渡邉《わたなべ》君からは、「ツキノワグマは出生数が少ないですし、仔《こ》グマは2年ほど母親に連れられて育ちますから、短期間に急激《きゅうげき》に増《ふ》えることはありません。今年の行動が変化したと考えるほかないんです」と聞かされて、なるほどと納得《なっとく》しました。確《たし》かにその通りです。

こうして、なぜ親子が日中に出てくるのかという疑問《ぎもん》については説明できるようになりました。少し後のことになりますが、「鹿角《かづの》市花輪《はなわ》のソバ畑で12個体《こたい》の群れが目撃《もくげき》された」という情報《じょうほう》も、群れで行動することはこれまで聞いたことがない、という専門家《せんもんか》のコメントとともに報道《ほうどう》されましたが、仔《こ》グマ2個体《こたい》ずつを連れた4組の親子だったとすれば説明がつきますし、私《わたし》自身もわずか1週間のうちに、1枚《まい》の田んぼに5個体《こたい》がいる光景を3カ所で見ていたことから、その状況《じょうきょう》が理解《りかい》できました。

鵜野《うの》さんのご家族とは、1時間ほど話をしただけで別れました。鵜野《うの》さんは少し離《はな》れた北秋田《きたあきた》市で、少し前に通学や通勤《つうきん》中の何人もの人がツキノワグマに襲《おそ》われてけがをした現場《げんば》に向かい、歩きながら、なぜそれが起こったのかを考えたとのことでした。私《わたし》は地形図を読み解《と》いて予測《よそく》を立てた別の谷に向かい、さらに10個体《こたい》のツキノワグマと出会うことになります。

3つの大《だい》凶《きょう》作《さく》

ところで、この年は山の木の実が少ないというのは本当でした。東北地方では、人里を離《はな》れた山は基《き》本《ほん》的にブナの森に覆《おお》われていますが、ブナは5年から10年に1度ぐらい大豊作《ほうさく》があり、それ以外の年は少し結実するか、もしくは実がほとんどならない凶作《きょうさく》になります。

人里に近い場所には薪《まき》として利用されてきたナラの林が広がり、その実はドングリと呼《よ》ばれます。東北地方では主にコナラとミズナラの2種がありますが、これらにもブナほど明瞭《めいりょう》ではないものの、やはり豊作《ほうさく》とそうでない年があります。

ブナの実には、ブナヒメシンクイという小さなガの仲間がつきます。豊作《ほうさく》の年が続くとガの数が増《ふ》え、大部分の実が中身を食べられてしまいますが、大凶作《だいきょうさく》の年にはガの個体数《こたい》も急激《きゅうげき》に減《へ》り、その翌年《よくねん》が大豊作《ほうさく》であればほとんどの実が食べられずに済《す》みます。つまり、植物の側が豊作《ほうさく》と凶作《きょうさく》を繰《く》り返すことで、外敵《がいてき》の数を抑《おさ》えているのです。ブナの実を食べるのはブナヒメシンクイばかりではありません。ヒメネズミなどの動物も凶作《きょうさく》の年があることで個体《こたい》数が抑《おさ》えられるし、ナラ類のドングリについても、同じことがいえます。

大凶作《だいきょうさく》という言葉はどうしても悪い印象《いんしょう》が強いため、異常気象《いじょうきしょう》などと結びつけられがちですが、こうした植物の生存戦略《せいぞんせんりゃく》の結果であることを、まずしっかり説明しておく必要がありました。

実は2023年の秋田県では、ブナばかりか、ドングリを実らせるミズナラとコナラにもほとんど実がついておらず、3種すべての大凶作《だいきょうさく》が重なるという事態《じたい》が起きていたのです。これは、藤木大介《ふじきだいすけ》さんと話をするなかで、状況《じょうきょう》をあらためて理解《りかい》したものでした。藤木《ふじき》さんは大学時代からの旧知《きゅうち》の仲で、植物の生態《せいたい》が専門《せんもん》ですが、森林の研究を続けるうえでクマのことを避《さ》けて通るわけにはいかず、自身もコナラやミズナラの豊凶調査《ほうきょうちょうさ》を続けています。2023年の秋に何が起こっているのかを相談したところ、さっそく秋田県が調査《ちょうさ》しているブナとドングリ類の開花状況《じょうきょう》の調査《ちょうさ》結果を参照して、「3種同時の、空前の大凶作《だいきょうさく》の可能性があります」という連絡《れんらく》をくれました。私《わたし》自身はブナの結実の動向は毎年気にかけていたものの、コナラとミズナラについては「今年は少ないな」という程度《ていど》にしか見ていませんでした。こうした部分では、花の数を定量的に数える調査《ちょうさ》データと、それを分析《ぶんせき》する研究者の視点《してん》とが重要な役割《やくわり》を果たします。

空前の事態《じたい》がなぜ起こったのかについては、おそらく気候との関係があるものの、まだ因果《いんが》関係は十分に明らかにされていません。ただ、ツキノワグマがなぜ大量に里山に出てきたかという理由については、これで説明がつきそうです。起こっていることの理由が、こうしてひとつずつ解《と》き明かされていきます。

クリをすさまじく食べていた

ブナやドングリ類が不作のなかで、他の木々《きぎ》に作られたクマ棚《だな》は増加《ぞうか》していました。もっとも、川沿《ぞ》いのオニグルミにはツキノワグマが採餌《さいじ》した跡《あと》であるクマ棚《だな》が広範囲《はんい》で見られたものの、その数は山形県での高密度《みつど》ぶりに比《くら》べると、決して多くはなく、川沿《ぞ》いにオニグルミがずらっと並《なら》んでいる場所を車で走っていても、1カ所、また1カ所と数百メートルおきに出てくる程度《ていど》です。そのかわりに、北秋田《きたあきた》市および上小阿仁村《かみこあにむら》で異常《いじょう》なまでにクマ棚《だな》が集中していたのが、クリでした。

東北地方では、冬の間に主食であるコメの不足を補《おぎな》うために、過去《かこ》にはクリが食用にされてきた時代がありました。それに、クリにはもうひとつ、家の土台の

集落内のクリもクマ棚《だな》だらけだった

クマがクリを食べた跡《あと》。鬼皮《おにかわ》と呼《よ》ばれる殻《から》だけを外している

柱という重要な用途《ようと》がありました。よく乾燥《かんそう》させたクリの柱にはシロアリが入りにくく、腐《くさ》りにくいために、建物の基礎《きそ》の柱には必ずといっていいほどクリが用いられてきたのです。そうした経緯《けいい》があったからこそ、今でも集落の周囲《しゅうい》にはクリの林が点在《てんざい》しています。もっとも、現《げん》在《ざい》栽培《さいばい》されているクリの大部分は食用のもので、戦後の品種改良を経《へ》た大粒《おおつぶ》の品種になっています。

2023年の秋田県北部でのクリの食害はすさまじく、実が樹上《じゅじょう》にあるうちに多くの枝《えだ》が折られていましたし、上小阿仁村《かみこあにむら》では「過去《かこ》にいちどもクマ棚《だな》ができたことがなかった」という集落内の木でさえ、激《はげ》しく枝《えだ》が折られていました。さらに、地表に落下したクリの実を食べた跡《あと》も目立っていました。

また、クリは自然林にもありますが、11月に木々《きぎ》の葉がすっかり落ちた北秋田《きたあきた》市や鹿角《かづの》市を訪《おとず》れたところ、クマ棚《だな》があることでクリを他の樹種《じゅしゅ》と見分けられるほどに、クリというクリの枝《えだ》が折られてクマ棚《だな》ができていました。例年であれば、より山奥《やまおく》のブナやミズナラ、コナラの枝《えだ》にできていたであろうクマ棚《だな》が、すべてクリに集中したのではないかと思えるほどの密度《みつど》でした。

カキにも枝《えだ》が折られた場所がありましたが、北秋田《きたあきた》市の山間部は寒冷で、カキの栽培《さいばい》の限界地域《げんかいちいき》にあたるため、植えられている本数は多くはありませんでした。そしてクリの実が残り少なくなった10月下旬《げじゅん》になってから、ツキノワグマがソバの畑に現れていることに気づいたのです。

クマが畑に出てくる

ブナやドングリ類が不作なので人里に出てきたクマは、クリを食べ終えると、田畑に出てくるようになりました。雑木林《ぞうきばやし》を離《はな》れて田畑に出てくるわけですので、行動範囲《はんい》が広がることに直結しますし、人との距離《きょり》がさらに近くなります。

観察を重ねるほど、疑問《ぎもん》点が次々《つぎつぎ》に生まれてきました。ひとつはツキノワグマの食性《しょくせい》が広がっていること。今回は、イネとソバの実を食べている場面を北秋田《きたあきた》市や上小阿仁村《かみこあにむら》の複数《ふくすう》の場所で確《たし》かめましたが、どちらも全国的にごく普通《ふつう》に見られる習性《しゅうせい》ではありません。これは、近年になって新たに獲得《かくとく》された習性《しゅうせい》ではないかと考えました。ただし、秋田県によって公表されているツキノワグマによる農業被害《ひがい》の統計《とうけい》から読み取れば、イネの食害は2010年から少なからず起こっており、当初は特定の地域《ちいき》に限《かぎ》られていた習性《しゅうせい》が、しだいに広がっているようです。状況《じょうきょう》をより正確《せいかく》に知るために、秋田県水田総合《そうごう》利用課の担当《たんとう》者に質問《しつもん》したところ、イネを食べる被害《ひがい》が秋田県で最初に報告《ほうこく》されたのは2008年で、近年の被害《ひがい》は秋田県の北部と中部に集中しているとのことでした。

当初は、ツキノワグマが人の生活圏《けん》に出没《しゅつぼつ》しているのは餌《えさ》が不足しているためと考えていたので、クマは痩《や》せているだろうと予想していました。それに、10月23日に上小阿仁村《かみこあにむら》で、イネを食べた個体《こたい》の糞《ふん》を見たのですが、まるで籾殻《もみがら》を固めた団子《だんご》のようで、ほとんど消化されていませんでした。つまり、食べたとしても栄養分を吸収できていないことになります。ふだん食べているドングリ類などを食べることができず、人前に姿《すがた》を現《あらわ》すリスクを冒《おか》してまでイネを食べても栄養にならないのなら、冬眠《とうみん》前の餌《えさ》不足はより深刻《しんこく》になるのではないか、と考えたのです。もっとも、イネを食べる習性《しゅうせい》は9月から観察されていますので、稲穂《いなほ》についた籾《もみ》の内部がまだ乳化《にゅうか》した段階《だんかい》なら、消化吸収《きゅうしゅう》できていたのでしょう。

ソバを食べた糞《ふん》。よく消化されている

イネを食べた糞《ふん》。熟《じゅく》したコメは、ほぼ消化されていない

ソバ畑から逃《に》げてゆくツキノワグマの親子

しかし、10月29日から31日にかけて見た多くのツキノワグマは、瘦《や》せているどころか、予想に反して丸々《まるまる》と太っているように見えました。特に、仔《こ》グマは寝《ね》そべって食べるほどお腹《なか》が出ていました。集落のまわりでツキノワグマの糞《ふん》を10個《こ》見たのですが、どれもソバの実でできており、同じ時期のイネと違《ちが》ってよく消化されていました。それを見て、食べるものがないのでしかたなくソバを食べているのではなく、むしろ、消化の良いソバを食べることが習性《しゅうせい》としてすでに広がっているのではないか、と受け止めたのです。

ソバを食べるクマ

ソバを食べるクマ。いくら東北地方はソバの産地だとはいえ、さすがにクマとは結びつきません。ソバは白い花をつけ、花が咲《さ》いているときには畑一面が真っ白になります。また、他の穀物《こくもつ》よりも栽培《さいばい》期間が短く、約2カ月で収穫《しゅうかく》することができます。古くから栽培《さいばい》されてきた作物ですが、栽培《さいばい》面積は近年になって急増《きゅうぞう》しています。その背景《はいけい》を説明するためには、減反政策《げんたんせいさく》あるいはイネの生産調整という制度《せいど》について説明しておかねばなりません。

減反政策《げんたんせいさく》という言葉は教科書にも出てくるので、皆《みな》さんも耳にしたことがあるかもしれません。イネの栽培技術《さいばいぎじゅつ》が向上したことで、昔からの水田すべてで栽培《さいばい》すると作りすぎになって価格《かかく》が下がるために、イネの生産量を調整することが行われてきました。その際《さい》に、水田だった場所で別の作物を作る「転作」が奨励《しょうれい》されてきました。農業で収益《しゅうえき》が上がらないからといって、多くの人が農業を離《はな》れてしまうと、食料自給率《りつ》がますます下がるうえに、数年間放置してヨシが生えた農地は元に戻《もど》すことができなくなります。したがって、転作の奨励《しょうれい》には農地を維持《いじ》するという目的もあります。

転作で栽培《さいばい》されるダイズやソバには、イネ（コメ）よりも価格《かかく》が低いため、交付金が出されます。長く続いた減反政策《げんたんせいさく》は2018年に廃止《はいし》されましたが、その後も農地を維持《いじ》するために交付金を出す制度《せいど》は維持《いじ》されており、ソバの栽培《さいばい》は奨励《しょうれい》

親子でソバを食べるツキノワグマ。冬眠《とうみん》前でよく太っている

され続けています。ソバを単体で栽培《さいばい》するなら価格《かかく》的に難《むずか》しいのですが、交付金と組み合わせることで、栽培《さいばい》が成り立ちます。その結果、秋田県内で2001年に1120ヘクタールだったソバの栽培《さいばい》面積は、2021年には4240ヘクタールと、20年間で4倍近くにまで増加《ぞうか》しました。

ツキノワグマがいつからソバを食べるようになったのかは明らかではありません。ただ、秋田県でのツキノワグマによる農業被害《ひがい》は2010年分以降《いこう》が公表されており（文献《ぶんけん》1）、それを調べると、イネは2010年から一定量が食べられていたのに対し、グラフには「ソバ」という項目《こうもく》が出てきません。そのかわりに「雑《ざっ》穀《こく》」という項目《こうもく》があり、ソバはここに含《ふく》まれているのだろうと考えました。雑《ざっ》穀《こく》への農業被害《ひがい》は、グラフから読み取れば2019年以降《いこう》に急増《きゅうぞう》しています。

より正確《せいかく》に事実を確認《かくにん》するため、秋田県水田総合《そうごう》利用課の担当者《たんとうしゃ》に詳《くわ》しく尋《たず》ねてみました。その結果、ツキノワグマによるソバの食害は2019年に初めて報告《ほうこく》され、2019年の「雑穀《ざっこく》」の被害《ひがい》はすべてソバだったとのことでした。これで、ツキノワグマがソバを食べる習性《しゅうせい》が、ごく近年になってから急速に広がったことが裏《うら》づけられました。そしてこの習性《しゅうせい》は、近年のソバの栽培《さいばい》面積の増加《ぞうか》と連動して広がった可能性《かのうせい》が高いのです。

ソバが食べられてしまった理由

さらに、クマがソバを食べるようになった理由がもうひとつあるのです。ソバを収穫《しゅうかく》するには刈《か》り取って脱穀《だっこく》することが必要ですが、手作業では時間がかかりすぎるので、専用《せんよう》のコンバインで刈《か》り取る必要があります。ただ、イネ用のコンバインと違《ちが》って使う頻度《ひんど》が低いため、わざわざ購入《こうにゅう》することはほぼなく、刈《か》り取りをコンバインを持ってる農家に委託《いたく》することが一般《いっぱん》的です。もともと台数が少ないことから、ソバが結実して収穫適期《しゅうかくてき》を迎《むか》えても順番待ちが続き、ときには2週間から1カ月の待ち時間ができてしまいます。結実してすぐに刈《か》り取られるならば、クマに食われる面積も一部で済《す》むのですが、遅《おそ》くまで刈《か》ることができず、結果的に結実してから1カ月もそのままになっている畑がたくさんあるので、ツキノワグマからすれば「食べ放題」の状態《じょうたい》が生まれてしまうのです。

ソバはイネよりも茎《くき》が弱いことから、刈《か》り取りが終わった畑に多くの落ち穂《ぼ》があることも、ツキノワグマが餌《えさ》を食べ続ける理由になっていました。

また、日中に採餌《さいじ》のために出てくるソバ畑は民家からの死角に限《かぎ》られていましたが、夜半に月明かりの下で調査《ちょうさ》をしたところ、民家の近くのソバ畑にも黒い影《かげ》があり、餌《えさ》を食べるために出てきている例を確認《かくにん》しました。

このように、人間の生活圏《けん》に現《あらわ》れるツキノワグマを、食べている餌《えさ》の面からみれば、近年の農業政策《せいさく》の変化と強く結びついている部分が見えてきました。では、農地への出現《しゅつげん》を防《ふせ》ぐためにソバを植えなければよいのかといえば、問題はそう簡《かん》単《たん》ではありません。日本の食糧《しょくりょう》自給率《りつ》が低下の一途《いっと》をたどり、中山間地域《ちいき》での人口減少《げんしょう》も続いてゆくなかで、最優先《ゆうせん》に守るべきは農業を行いやすい環境《かんきょう》と、そこで暮《く》らす人々《ひとびと》の生活を維持《いじ》してゆくことです。ソバの作付け面積は、減《へ》らすどころか、むしろ積極的に増《ふ》やしてゆかねばなりません。しかしながら、ソバの栽培《さいばい》は交付金でようやく成り立つような状態《じょうたい》なので、動物を避《さ》けるための電気柵《さく》などに、必要以上の費用《ひよう》や労力をかけるわけにはいかないのです。自然界には、「こうすればいい」という解決策《かいけつさく》が見つからない課題がたくさんあり、ツキノワグマの出没《しゅつぼつ》もまた、その典型《てんけい》です。

秋田県によって公開されているグラフからは、「豆類」が食べられる被害《ひがい》も2017年から増加《ぞうか》していることが読み取れましたが、豆類とはダイズを指しており、ソバと同様に、交付金制度《せいど》による栽培《さいばい》面積の増加《ぞうか》と関係している可能性《かのうせい》が高いと考えられました。

ツキノワグマがイネやソバを食べる習性《しゅうせい》は、地域《ちいき》的に広がりを見せているようです。ソバについては山形県の飯豊山麓《いいでさんろく》でも集中的に食べられている畑を確認しましたし、イネについても岩手県・山形県・富山県で食べられているという話を聞いています。今後はより広がっていくのではないか、つまり農業被害《ひがい》としての軋轢《あつれき》も増加《ぞうか》してゆくのではないかと予想しています。

山形県では姿《すがた》が消えた

ところで、山形県では10月に朝日連峰《あさひれんぽう》や飯豊連峰《いいでれんぽう》のふもとを見まわった際《さい》にも、1カ所のソバ畑で親子2組、5個体《こたい》を見た以外には、クマの姿《すがた》を見ませんでした。ソバ畑に日中から子連れの母グマが集中する光景は、秋田県で起こっていることと同じで、やはり餌《えさ》が不足して人里に出てきたうえで、オスを避《さ》けて日中に行動していたのだろうと考えられました。

クリにはたくさんの食べた跡《あと》があり、10月なかばを過《す》ぎてもオニグルミの枝《えだ》を折った真新しい跡《あと》がありましたが、注意深く見てまわっても日中に行動している場面は観察できず、刈《か》り取りが遅《おそ》い水田につけられていた動物の通路も直線的で、イノシシのものではないかと考えられました。何よりも、人身事故《じこ》の件数《けんすう》が秋田県の70件《けん》に対し、山形県では5件《けん》だったことが、人里に出てくる頻度《ひんど》が少なかったことを間接《かんせつ》的に表しています。

その折に、わずか数本ですが、コナラやミズナラに新しいクマ棚《だな》を見つけたのです。11月になって落葉が進みはじめると、山形県南部から新潟県北部にかけての各地で、少数ながらコナラやミズナラにできたクマ棚《だな》が見つかりました。いつもであれば木の下の道路に落ちて、道路脇《わき》に列をなしているはずのドングリもまばらで、結実はかなり悪かったものの、ナラ類は実をつけていたのです。12月になって公開された、山形県によるコナラとミズナラの豊凶調査《ほうきょうちょうさ》結果を参照すると、コナラは11地点中2地点で、ミズナラは8地点中1地点で「並作《へいさく》」となっており、他の地点でも中身を虫に食われるなどして「凶作《きょうさく》」とされたものの、それなりには結実していたことが読み取れました。なるほど、山形県で10月以降《いこう》にツキノワグマの出没《しゅつぼつ》が減《へ》った理由はこれだったのか。観察してきた点と点が、こうして線としてつながっていきます。

秋田県の場合、集落のまわりのクリにできたクマ棚《だな》を見てまわったかぎりでは、ツキノワグマの人里への進出が特にひどかったのは県の中部以北で、秋田県内でも決して一様ではないように見えました。実際《じっさい》に、2023年に起きた人身事故《じこ》70件《けん》のうち、雄物川《おものがわ》よりも北側の秋田市や北秋田《きたあきた》市、鹿角《かづの》市で起こったものは62件《けん》だったのに対し、南側の大仙《だいせん》市や湯沢《ゆざわ》市では8件《けん》と、かなり地域《ちいき》差がありました。冬になってからナラ類の結実状況《じょうきょう》を調べ直すことまではできませんでしたが、ドングリ類の記録的な大凶作《だいきょうさく》にも地域《ちいき》差があった可能性《かのうせい》はあります。

ただ、そのコナラやミズナラにしても、例年よりもきわめて少なく、大不作であったことには変わりがありません。

人身事故《じこ》はなぜ増《ふ》えたのか

クマに出会ったときにどうすればよいかについては、多くの本が出されていますし、秋田県のホームページにも詳《くわ》しく解説《かいせつ》されているので、ここでは触《ふ》れません。この本では、人身事故《じこ》が多発した背景《はいけい》として、ただクマの数が増《ふ》えただけなのか、それとも何か新たな変化が起こっているのかについて、触《ふ》れておきたいと思います。

秋田県でのツキノワグマによる人身事故《じこ》は、例年は6件《けん》から12件《けん》ほどで推移《すいい》していたものが、2023年には62件《けん》にものぼりました。

以前から山形県で新聞報道《ほうどう》など目にするなかで、ツキノワグマが住宅《じゅうたく》地に出てくる場所には共通性《せい》があることに気づいていました。水田の中に川に沿《そ》って樹林《じゅりん》がある場所、なかでも河岸段丘《かがんだんきゅう》もしくは幅広《はばひろ》い河川敷《かせんしき》がある場所の付近に集中しています。夜間に餌《えさ》を食べるために川沿《ぞ》いの森伝いに下りてきて、夜明けまで餌《えさ》を食べ続けた結果、早朝に人が行動を始めてしまい、森林に戻《もど》れずにパニック状《じょう》態《たい》になる個体《こたい》が、学校や人家に飛び込《こ》んだり、住宅《じゅうたく》地を走り抜《ぬ》けたりしていると考えられます。この点は、鵜野《うの》さんとも意見が一致《いっち》しています。

事故《じこ》は、必然的に早朝に集中しています。また、薮《やぶ》に潜《ひそ》んで人が通り過《す》ぎるのをやり過《す》ごそうとしているときに人が接近《せっきん》してしまった場合や、子連れの母グマが仔《こ》グマを守ろうと襲《おそ》いかかる場合など、詳細《しょうさい》に調べれば、それぞれの例はツキノワグマの行動の面から説明できます。2023年の秋田県での人身事故《じこ》の多発は、いずれもツキノワグマの通常《つうじょう》の行動として説明が可能《かのう》でしたし、事故《じこ》は出会い頭に偶発《ぐうはつ》的に起こるため、ツキノワグマの密度《みつど》が高くなれば、発生件数《けんすう》は必然的に増《ふ》えていきます。事故《じこ》の報道《ほうどう》が多くなるほど、恐怖《きょうふ》を煽《あお》り立てる風潮《ふうちょう》がどうしても生まれてしまいますが、2016年に秋田県鹿角《かづの》市の山中で見られたような、クマのほうから人を襲《おそ》うようなことは起こっていないと考えられました。

次に、ツキノワグマが人に慣《な》れる傾向《けいこう》がみられるかどうかも気にかけていました。

10月に秋田県で3度にわたって出会ったそれぞれ3個体《こたい》・10個体《こたい》・16個体《こたい》は、2例を除《のぞ》けば強い警戒《けいかい》心を持っており、私《わたし》の気配に気づくと同時に逃《に》げました。

例外的だった2例はといえば、29日に子連れのメスが100メートルほど離《はな》れたところで重機による畦《あぜ》の補修《ほしゅう》が始まってもイネを食べ続けていた例と、31日に、やはり子連れのメスに対して住民がロケット花火で追い払《はら》おうとしても、少し移《い》動《どう》しただけで、そのままソバを食べ続けた例です。ロケット花火も重機もその場所で何度か使われていた可能性《かのうせい》が高く、クマのほうがすでに花火や重機が音しか出さず、危害《きがい》を加えてこないことを学習していた可能性《かのうせい》が高いと受け止めました。

11月1日には狩猟《しゅりょう》が解禁《かいきん》になりました。11月8日に一帯を走った際《さい》にはツキノワグマの姿《すがた》は消えており、10月には重機の音でも親子が逃《に》げなかった水田に行くと、前足に生々《なまなま》しい銃創《じゅうそう》を負った仔《こ》グマ1個体《こたい》だけが、稲刈《か》りの終わったなかで落ち穂《ぼ》を拾っていました。本来であれば越冬《えっとう》を控《ひか》えて山に移動《いどう》してゆく時期です。私《わたし》が多くの個体《こたい》を見たのは10月31日までで、その翌日《よくじつ》から狩猟《しゅりょう》が始まったことになります。それまでロケット花火などで脅《おど》すだけで、危害《きがい》を加えてこなかった人間が、ある日を境《さかい》に銃《じゅう》を使用するようになったことで、秋の狩猟《しゅりょう》期間には、日中にも姿《すがた》を隠《かく》さずに活動していた子連れのメスが捕獲《ほかく》されやすかったのではないかと思われました。

いつまでもクマが出る

12月になっても、あるいは1月に入っても、まだクマが出たという報道《ほうどう》が続き、異常事態《いじょうじたい》という言葉が繰《く》り返されました。その多くは体長が50センチメートル程《てい》度《ど》の仔《こ》グマで、報道《ほうどう》を見るたびに書きとめておいたのですが、具体的には以下のような例がありました。

・山形県飯豊町《いいでまち》でカキに上っていた例（2023年12月25日）
・岩手県北上市《きたかみ》で商業施設《しせつ》に仔《こ》グマが出現《しゅつげん》した例（2024年1月9日）
・秋田県鹿角市《かづの》で雪のなかでカキを食べていた例（2024年1月8日）
・山形県尾花沢市《おばなざわ》でカキに上っていた例（2024年1月20日）

これらは親が駆除《くじょ》されてしまったためにすぐに冬眠《とうみん》に入ることができず、餌《えさ》を食べ続けていた仔《こ》グマだと考えられました。山形県に寄《よ》せられた目撃情報《もくげきじょうほう》のうち、体長が記されていたものを参照すると、12月の後半には3個体《こたい》すべてが1メートル未満の仔《こ》グマで、1月では7個《こ》体《たい》のうち4個《こ》体《たい》が仔《こ》グマでした。つまり、「クマが越冬《えっとう》に入らない異常事態《いじょうじたい》」ではなく、狩猟《しゅりょう》あるいは駆除《くじょ》の結果、親とはぐれた仔《こ》グマを人間が作りだしていたことで説明がつきます。

これと同様の例は、以前から鵜野《うの》さんに教わっていました。雪深い山形県朝日《あさひ》連峰《れんぽう》の一角で、2月に民家の床下《ゆかした》から仔《こ》グマが見つかり、遺伝子《いでんし》を調べたところ、母グマは前年に狩猟《しゅりょう》で駆除《くじょ》されていたことが明らかになったという例です（文献《ぶんけん》2）。

なお、新聞報道《ほうどう》では「穴持《あな》たず」というクマの話題が出ていたことにも、触《ふ》れておきたいと思います。11月になれば、話題性《せい》のあるツキノワグマのニュースはメディアでさかんに取り上げられていましたが、取材に応《おう》じる専門家《せんもんか》の数が少ないこともあって、記者はコメントをとるために専門家《せんもんか》を探《さが》しまわっている状態《じょうたい》が続いていました。そのなかで、専門家《せんもんか》から「マタギの伝説では〝穴《あな》持たず〟という冬眠《とうみん》しないクマがいるといわれ、空腹《くうふく》で気が立っているので凶暴《きょうぼう》」という話題が出たのです。記事を批判《ひはん》する意図はありませんので、具体的にはこれ以上書きませんが、これが上記の「12月になってもクマが冬眠《とうみん》に入らずに街に出続けている」という情報《じょうほう》と重なってしまったことから、凶暴《きょうぼう》なクマに気をつけるべき、という論調《ろんちょう》が生まれていきました。実際《じっさい》には人里に出てきたのは親とはぐれた体長50センチ程度《ていど》の仔《こ》グマであり、ほぼ「母親クマの駆除《くじょ》」で説明できたことは、直前に書いた通りです。ここでは事実と伝説を混同《こんどう》しないことと、いたずらに恐怖《きょうふ》を煽《あお》り立てる報道《ほうどう》に惑《まど》わされないことを教訓として書きとどめておきます。誰《だれ》もが不安を抱《かか》えている非常《ひじょう》時にこそ、「自分の眼《め》で物を見ること」を意識《いしき》せねばと、自戒《じかい》とともに思います。

第6章　人とクマとの関係

結局のところ、何が起こっていたのか

2023年の秋に秋田県で起こっていたことを整理すると、以下のようになります。

- 秋田県ではブナ・コナラ・ミズナラの3種の大凶作《だいきょうさく》が重なり、県の中部以北では特に顕著《けんちょ》だった。
- 大凶作《だいきょうさく》によって、個々《ここ》のツキノワグマが餌《えさ》を求めた結果、行動圏《けん》が人里寄《よ》りにまで拡大《かくだい》した。その結果、人里でのツキノワグマの個体密度《こたいみつど》が高まった。
- 生息密度《みつど》が変わったために、子連れのメスがオスを避《さ》けるため日中にも活動するなど、本来の活動域《いき》・活動時間から押《お》し出されるものが出てきた。

その結果、人に遭遇《そうぐう》する機会が増加《ぞうか》し、あるいは1カ所で多くの個体《こたい》が目撃《もくげき》されることが生じた。後者の光景は、人の目には特に奇異《きい》に映《うつ》った。

・多くの個体《こたい》は人を見るとすぐに逃《に》げた。こうした個体《こたい》の生態《せいたい》は大きく変化していないと考えられ、主要な餌《えさ》であるブナやドングリ類が豊作《ほうさく》になれば、再《ふたた》び山中に戻《もど》っていくと予想される。

・畑で採食《さいしょく》を続ける個体《こたい》や、人に追い払《はら》われてもすぐには逃《に》げなくなった個《こ》体《たい》が一定の確率《かくりつ》で出現《しゅつげん》していることから、段階《だんかい》的に「人慣《ひとな》れ」が進んでいる可能性《かのうせい》もある。

クマの個《こ》体《たい》数は増《ふ》えているのか

何が起こっていたのかを解《と》き明かすためには、ツキノワグマの行動を調べるばかりでなく、個体《こたい》数が増《ふ》えているのか減《へ》っているのか明らかにする必要があります。この問題については、渡邉颯太《わたなべそうた》君と議論《ぎろん》しました。彼《かれ》は、「秋田県の推定個《すいていこ》体《たい》数や増加率《ぞうかりつ》が出ているから、まず計算してみましょう」と言います。秋田県では2020年にツキノワグマの管理のための第5次計画が出されており、そこでは2020年の4月時点での個体《こたい》数が4400±1600個体《こたい》、自然増加率《ぞうかりつ》が23%と推定《すいてい》されています。毎年の自然増加率《ぞうかりつ》を加え、そこから年ごとに秋田県で駆除《くじょ》された個体《こたい》数を引いていくと、

2020年　4400（個体《こたい》数）－607（駆除《くじょ》数）＝3793個体《こたい》
2021年　3793×1・23（自然増《ぞう》加率《かりつ》）－657＝4008個体《こたい》
2022年　4008×1・23－397＝4533個体《こたい》
2023年　4533×1・23＝5576個体《こたい》

という計算になります。つまり、2023年夏の時点での推定個体《すいていこたい》数は、55

76個体《こたい》にまで増《ふ》えていたことになるのです。同年には2183個体《こたい》が捕獲《ほかく》されたので、それを引くと、現時点《げん》での秋田県のツキノワグマの個体《こたい》数は、

5576－2183＝3393個体《こたい》

となります。

ここで毎年の自然死個体《こたい》の数を入れなかったのは、ツキノワグマのように寿命《じゅみょう》が長い生物の場合、個体《こたい》数が短期間で増加《ぞうか》しているときには生まれる個体《こたい》のほうが多く、増加《ぞうか》と死亡《しぼう》が釣《つ》り合わないためです。渡邉《わたなべ》君は、自然増加率《ぞうかりつ》はブナの実など、主要な餌《えさ》の豊作《ほうさく》・凶作《きょうさく》によって変動するはずだ、といいます。それに、これは毎年個体《こたい》数推定《すいてい》のための調査《ちょうさ》をした結果ではなく、あくまで計算上の参考値《ち》にすぎません。

ただ、ここでは増《ふ》えた、減《へ》ったということを感覚的に捉《とら》えるのではなく、すでに明らかにされている数値《すうち》をもとに、ひとつずつ計算を積み重ねて、少しでも客観的な傾向《けいこう》を読み解《と》いていくことの重要性《せい》を示《しめ》したかったのです。猟師《りょうし》の「長年の経験《けいけん》からいうと、増《ふ》えていることは間違《まちが》いない」という談話は、報道《ほうどう》でしばしば使われますし、私《わたし》自身も何人もの方から教わっています。ただ、そこで「猟師《りょうし》が言うから間違《まちが》いない」と納得《なっとく》すれば、人の話を信じることで終わってしまいます。さまざまな調査《ちょうさ》結果を参照し、分析《ぶんせき》したうえで、「分析《ぶんせき》結果と聞き取りの結果には矛盾《むじゅん》がない」と理解《りかい》することで、自分で考える段階《だんかい》が生まれ、視点《してん》もより客観的になります。

話を戻《もど》しましょう。自然増加率《ぞうかりつ》は必ずしも一定ではなく、ブナやドングリ類の結実の悪い年には低くなることを差し引いても、やはり秋田県のツキノワグマの個体《こたい》数は増加《ぞうか》していた可能性《かのうせい》が高いのです。2023年には過去《かこ》最高となる2183個体《こたい》が駆除《くじょ》されたので、大きく減少《げんしょう》したことには違《ちが》いありませんが、計算上では数年で個体数《こたい》が元に戻《もど》る可能性《かのうせい》があります。

もちろん、県による個体数《こたい》の推定《すいてい》は続けられているので、公表されるたびに、上記の推測《すいそく》が大きく外れていないかどうかを確《たし》かめることが必要なのは、言うまでもありません。

環《かん》境《きょう》収《しゅう》容《よう》力《りょく》の問題

個体《こたい》数の推定《すいてい》は、私《わたし》もいくつかの昆虫《こんちゅう》で毎年続けているので、むしろ得意《とくい》な分野です。ただ、昆虫《こんちゅう》の場合は条件《じょうけん》を満たす環境《かんきょう》にしか生息せず、活動時間になるといっせいに動きますが、ツキノワグマの場合は高い知能《ちのう》をもつことから、状況《じょうきょう》に応《おう》じて行動を変化させます。渡邉《わたなべ》君はツキノワグマの個体《こたい》数を論《ろん》じる際《さい》に、面積や生息密度《みつど》ではなく「環境収容力《かんきょうしゅうようりょく》」という言葉を出しました。

生物の個体《こたい》数は、生息地の面積や連続性《せい》、それに餌《えさ》の量に応《おう》じて決まることは、昆虫《こんちゅう》類でも魚類でも同様です。それに加えて、ツキノワグマの場合に予想する必要があるのは、通常《つうじょう》では可能《かのう》なかぎり人目に触《ふ》れないように行動していても、餌《えさ》が不足する場面や、オスの縄張《なわば》りが重なるような場面では、やむをえず人里にまで出てくるなど、行動が変わる可能性《かのうせい》が高いことです。すなわち、ブナやドングリ類が豊作《ほうさく》の年にはツキノワグマの環境収容力《かんきょうしゅうよう》は高くなりますが、凶作《きょうさく》の年には低くなります。

２０２２年には、秋田県の調査《ちょうさ》によればブナは豊作《ほうさく》でした。ツキノワグマの栄養状態《じょうたい》はよかったため、自然増加率《ぞうかりつ》は例年以上だった可能性《かのうせい》があります。その翌《よく》年《ねん》にブナやドングリ類の実が記録的な凶作《きょうさく》になれば、ツキノワグマに対する環境《かんきょう》収容《しゅうよう》力が極端《きょくたん》に低くなるため、餌《えさ》を求めて、いっせいに人里に出てこざるを得《え》なくなったと考えられます。

こうして、渡邉《わたなべ》君との議《ぎ》論《ろん》を経《へ》て、２０２３年に「秋田県ではいったい何が起こっていたのか」という疑問《ぎもん》についての答えが、絞《しぼ》り込《こ》まれてきました。

結論《けつろん》として、秋田県のツキノワグマは増加《ぞうか》しており、そのために凶作《きょうさく》の年には多くの個体《こたい》が人里に出てくると考えています。このまま個体《こたい》数が増加《ぞうか》し続ければ、いずれは豊作《ほうさく》の年でも、生息している個体《こたい》数が環境収容《かんきょうしゅうよう》力を上回る可能性《かのうせい》があり、そうなれば豊作《ほうさく》の年であっても、人里で餌《えさ》をとらねばならない個体《こたい》が出てくるでしょう。したがって、いまの秋田県に関していえば、駆除《くじょ》による個体《こたい》数の調整は必要だと、私《わたし》は考えます。

アーバンベアは生まれていたのか

もうひとつ、はたして「アーバンベア」は生まれていたのか、という疑問《ぎもん》がありました。これは、「はい」「いいえ」という白黒での説明が難《むずか》しい問題です。そもそも「アーバンベア」は、新聞やテレビのニュースの見出しで、人の注目を集めやすいキャッチコピーとして定着した言葉で、定義《ていぎ》も曖昧《あいまい》です。これからも環境収容《かんきょうしゅうよう》力《りょく》に対してツキノワグマの個体《こたい》数が増《ふ》え続ければ、必然的に安全な森林から弾《はじ》き出され、危険《きけん》な人里で暮《く》らす個体《こたい》も増《ふ》えてゆくでしょう。

そのうえで、秋田県で起こっていたことを調べ、入手可能《かのう》な資料《しりょう》を検討《けんとう》したかぎりでは、現状《げんじょう》では本来の生息地から「押《お》し出された」個体《こたい》が出てきているだけで、進んで人里に定住するようなクマは見られません。おそらくこれからも、人の生活圏《けん》に一定数のクマが出てくることが続くでしょうが、現時点《げんじてん》ではクマの生《せい》態《たい》が変わったような兆候はありません。クマが人里もしくは市街地付近に出ただけで「アーバンベア」という見出しを使うことは、あたかもクマの性質《せいしつ》が変わったかのように誤解《ごかい》を招《まね》きやすいことから、適切《てきせつ》ではないと考えています。

もっとも、人里を中心に生活する、従来《じゅうらい》とは異《こと》なるツキノワグマが出現《しゅつげん》する可《か》能性《のうせい》を、私自身《わたし》も想定していないわけではありません。いまのところ、2つのパターンが起こり得《う》ると考えています。

ひとつは、ブナやドングリが豊作《ほうさく》になったとして、はたして畑に出てこなくなるのかどうか、という点です。ツキノワグマは高い知能《ちのう》と学習能力《のうりょく》を持った動物なので、大凶作《だいきょうさく》をきっかけに、人里にある作物の味を覚え、これからも出てくる可能性《かのうせい》があると考えています。ブナの豊作《ほうさく》年にこそ、栽培《さいばい》されるソバを食べに出てくるかどうかで、行動の変化が検証《けんしょう》できるでしょう。

もうひとつは鵜野《うの》レイナさんの持論《じろん》ですが、親子グマの母グマが駆除《くじょ》され、仔《こ》グマのみが生き残る場面が起こると、仔《こ》グマは山にいるオスを避《さ》けるようになって、人の生活圏《けん》を中心に暮《く》らすようになる可能性《かのうせい》があること。つまり、有害駆除《くじょ》による捕獲圧《ほかくあつ》が、かえって人里を中心に生活するツキノワグマを作り出す可能性《かのうせい》があるのです。渡邉君《わたなべ》も同様の意見ですが、オスを避《さ》けるよりも、人里では仔《こ》グマが単独《たんどく》でも餌《えさ》を見つけやすいことのほうが重要ではないかといいます。

実際《じっさい》に、私《わたし》も駆除《くじょ》により親からはぐれたと考えられる仔《こ》グマが、集落の脇《わき》で日中に餌《えさ》を探《さが》している場面を、秋田県と山形県で観察したことがあります。これからも、さまざまな可能性《かのうせい》を想定して調べ続けることが必要でしょう。

クマの変化は人間の生活の変化に対《たい》応《おう》していた

ツキノワグマが頻《ひん》繁《ぱん》に人の生活圏《けん》に出てくるようになったのは、以前はなかったことです。アーバンベアという言葉を使うかどうかは別にして、クマの行動に大きな変化があったことは確《たし》かです。ただ、この変化は、人間の生活が変化したことに対《たい》応《おう》して起こったものです。それは、

(1)中山間地域《ちいき》での生活の変化
(2)人間の感覚の変化
(3)狩猟《しゅりょう》の方法の変化

の3つに整理できます。

（1）中山間地域《ちいき》での生活の変化

いわゆる農村あるいは田舎《いなか》（「中山間地域《ちいき》」と呼《よ》ばれます）では、人口が減《へ》り続けています。具体的に知りたいと思う人は、ぜひ、過去《かこ》50年間で、小学校の数がどれだけ減《へ》ったかを調べてみてください。以前はどれほど山間部であっても、いくつか集落があれば必ず小学校がありましたし、冬に歩いて通うことが難《むずか》しい豪雪地《ごうせつち》には冬季分校もありました。小学校の児童数をみれば、それぞれの地域《ちいき》にかつてどれほどの人が暮《く》らしていたのかを、確《たし》かな数字として捉《とら》えることができます。

中山間地域《ちいき》では、大勢《おおぜい》の人が山仕事に出ていました。冬のウシの餌《えさ》として干《ほ》し草を作るための草刈《か》りであったり、日々《ひび》の燃料《ねんりょう》である薪《まき》の切り出しであったり、スギ林の枝打《えだう》ちであったり、現金収入《げんきんしゅうにゅう》のためのゼンマイ採《と》りや炭焼きなど、仕事は多岐にわたっていました。

山のなかには人が通るしっかりとした道が何本もめぐらされて、その刈《か》り払《はら》い

束ねられた「柴《しば》」

も毎年行われていました。
　ガスも車も普及《ふきゅう》した現在《げんざい》では、重労働だった山仕事をしなくてもよくなりました。一例として、私《わたし》は童話「桃太郎《ももたろう》」にある「柴刈《しばか》り」を挙げます。お爺《じい》さんは山に柴刈《しばか》りに、お婆《ばあ》さんは川に洗濯《せんたく》に行く、あの柴刈《しばか》りです。柴《しば》というのは背丈《せたけ》を越《こ》すかどうかの低木のことで、細い木々《きぎ》を束ねて焚《た》き付けにしたり、畑の支柱《しちゅう》にしたり、あるいは編《あ》んで垣根《かきね》を作ったりしました。しかし、現在《げんざい》では「柴《しば》」を連想できる人は、わずかでしょう。「芝《しば》」刈《か》りと混同《こんどう》されてい

山間部の水田跡《あと》。かつては水田が広がり、奥《おく》に民家があった

今も耕作《こうさく》が続けられている里山の風景

る場面も見受けます。

さらに、かつて農村では犬が放し飼《が》いにされていました。私《わたし》も子どもの頃《ころ》に何度も追いかけられたので、放し飼《が》いは、1980年代までは当たり前に行われていたはずです。しかし、人に吠《ほ》えかかったり噛《か》みついたりすることが問題になり、必ず鎖《くさり》でつないで飼《か》うことが社会的なルールになっていきました。

これらはそのまま、野生動物への圧力《あつりょく》になっていました。クマが人里に出てくるようになった背景《はいけい》として、こうした社会の変化が進んでいたことを見落としてはならないでしょう。クマの側からすれば、山仕事をしている人に出会わなくなり、放し飼《が》いだった犬の姿《すがた》も消えたことで、クリやカキを食べに人里に出てきても追い払《はら》われる機会が少なくなり、里山が餌場《えさば》として使える場所になっていったのです。

それならば人口を増《ふ》やせばいい、農業を活性化《かっせい》すればいいという意見が出てくることと思います。地域《ちいき》活性《かっせい》化という言葉もさかんに叫《さけ》ばれています。ただ、中山間地域《ちいき》での人口の減少《げんしょう》は止まらず、それをなんとかしようと国をあげて取り組んできましたが、結局うまくいかなかった事実が目の前にあります。取り組みを進める努力は必要ですが、その前にまず、アイデアだけで状況《じょうきょう》が変わるような簡《かん》単《たん》な問題ではないという現実《げんじつ》を直視《ちょくし》する必要があります。

(2)人間の感覚の変化

2000年の秋、山形県飯豊町《いいでまち》の山中の湿原《しつげん》にトンボの調査《ちょうさ》に行った際《さい》に、クマがクリを食べた跡《あと》を見つけたことがありました。帰り道、その一帯の山を管理しておられた80代のお爺《じい》さんに出会って挨拶《あいさつ》したところ、翌日《よくじつ》には湿原《しつげん》の入口に、古いフライパンと木の棒《ぼう》がぶら下げられていました。私《わたし》がひとりでトンボの調査《ちょうさ》に通っていることを知って、準備《じゅんび》してくださったものです。

秋田県でツキノワグマの出没《しゅつぼつ》が多発した2023年の秋に、もっとも痕跡《こんせき》が多かった北秋田市阿仁《きたあきたしあに》のある集落のなかで、散歩しておられた80代のお婆《ばあ》さん2人連れと少し話をしました。「おめえら、クマに気をつけろ」「昼間から出て来てる。田んぼで米食ってる」と、日常《にちじょう》のなかで昼間から田んぼに出てくるクマの姿《すがた》を見ておられたうえに、リンゴも食べにきている、豆もやられている、と、クマの行動をよく把握《はあく》しておられました。

山のなかで暮《く》らしてきた人々《ひとびと》は、こうしてふだんからクマの痕跡《こんせき》に敏感《びんかん》に気づき、生活圏《けん》に出てこないようにさまざまな対策《たいさく》を重ねてこられました。今では多くの地域《ちいき》でそうした観察力が失われ、つまり人間の側が変化していることも、常《つね》に感じています。クマが人里に出てくるのは、こうした変化を受けてのことです。

近年になって、登山の際《さい》にクマに会わないようにするための方法は、マニュアル化が進んでいます。一般《いっぱん》的に使われているのは、クマ鈴《すず》やラジオとクマ撃退《げきたい》スプレーですが、たとえば山々で登山者とすれ違《ちが》うなかで、人々《ひとびと》が鈴《すず》やラジオを鳴らしていることで安心してしまい、周囲《しゅうい》の音がまったく聞こえない状態《じょうたい》になっていることが、私《わたし》には気にかかるようになりました。事故《じこ》の多くは避《さ》けられるにしても、偶然《ぐうぜん》の鉢合《はちあ》わせだけは、なくすことが難《むずか》しいものです。だからこそ、道具やマニュアルに頼《たよ》るばかりでなく、それぞれの人が感覚を張《は》りめぐらせることが必要だと、強く思います。

(3)狩猟《しゅりょう》の方法の変化

さらにひとつ、付け加えておきたいことがあります。かつて、春のクマ狩《が》りは巻《ま》き狩《が》りでクマを囲《かこ》んでいました。なかには逃《に》げられることもあり、そうしたクマは人間の圧力《あつりょく》を学習して、警戒心《けいかいしん》が強くなると考えられてきました。

ところが、現在《げんざい》ではライフル銃《じゅう》の性能《せいのう》が上がり、数百メートル離《はな》れた場所から正確《せいかく》に撃《う》つことができます。クマからすれば、通常《つうじょう》の行動をしているなかでいきなり撃《う》たれるので、「人間に追いまわされることによって、出てきてはいけない場所を学習する場面」がなくなりつつあるのではないだろうか、と話してくれたのは、山形大学の大学院生で狩猟免許《しゅりょうめんきょ》をとり、猟友《りょうゆう》会にも入ってクマ狩《が》りに加わっている山下純平《じゅんぺい》君でした。

もっとも、これは2人など、少人数で狩《か》りをすることが多くなった地域《ちいき》で起こる変化です。今も大人数での巻《ま》き狩《が》りを基本《きほん》としている山形県小国町《おぐにまち》の草刈《くさかり》広一さんによれば、2024年には24個体《こたい》を発見し、捕獲《ほかく》は2頭、そして20個体《こたい》に巻《ま》き狩《が》りでの圧力《あつりょく》をかけた、とのことでした。従来《じゅうらい》どおりの人数の多い集団《しゅうだん》だと、春のクマ狩《が》りでのこうした圧力《あつりょく》が健在《けんざい》です。小国町《おぐにまち》全体では、2024年春の1カ月の猟期《りょうき》のなかで、5つの班《はん》によって14個体《こたい》が捕獲《ほかく》されましたが、発見された総数《そうすう》は76個体《こたい》にのぼり、その大半に圧力《あつりょく》がかかったことになります。小国町《おぐにまち》はツキノワグマの個体《こたい》数が多いにもかかわらず、人身被害《ひがい》が比較《ひかく》的少ない地域《ちいき》ですが、これにはクマ狩《が》りでの圧力《あつりょく》が健在《けんざい》であることが大きく関わっている可能性《かのうせい》があります。

以上のように、クマが人里に出てくる背景《はいけい》は、ひとつの理由のみで説明できるものではありません。いくつもの要因《よういん》が重なり合ったことで、ひとつの結果へとつながっています。

共存《きょうぞん》は生易《なまやさ》しいことではない

ツキノワグマの出没《しゅつぼつ》に関する問題を考えるうえでは、「どのように共存《きょうぞん》すべきか」という言葉がよく出てきます。

本当にクマの事故《じこ》をゼロにして、農産物への被害《ひがい》もゼロにすることだけを考えるならば、あくまでたとえ話ですが、ツキノワグマを獲《と》り尽《つ》くして滅《ほろ》ぼせば、目的は達成されます。実際《じっさい》に日本では、かつて、家畜《かちく》に被害《ひがい》を与《あた》え続けていたニホンオオカミが絶滅《ぜつめつ》した前例があります。これによって、大切な家畜《かちく》がオオカミに襲《おそ》われる被害《ひがい》はなくなりました。

しかし、さすがに絶滅《ぜつめつ》させてしまえば生態系《せいたいけい》の歯車が回らなくなるため、種の絶滅《ぜつめつ》を防《ふせ》ぎ、生物の多様性《せい》は維持《いじ》しなければならないという考えが、近年では社会に定着しています。それぞれの動植物は生態系《せいたいけい》の歯車にたとえることができ、歯車がひとつ欠ければ、関係している他の歯車が回りにくくなって、ひいては全体も回らなくなるという考え方にもとづくもので、ツキノワグマのような大型《おおがた》哺《ほ》乳類《にゅうるい》は生態系《せいたいけい》上位種と呼《よ》ばれ、全体の歯車が回っていることの指標にされます。

ところで、生態系《せいたいけい》とはずっと複雑《ふくざつ》なもので、影響《えいきょう》は間接《かんせつ》的に表れるうえに、変化が起こるまでには時差もあります。オオカミが絶滅《ぜつめつ》した明治時代には、目に見えるような変化は起こりませんでした。100年以上経《た》ってから、シカが急増《きゅうぞう》したことが各地で問題になっていますが、すでにオオカミの絶滅《ぜつめつ》と因果《いんが》関係があったのかどうかも分かりません。予測《よそく》が難《むずか》しく、「これ以上の開発は控《ひか》えるべき」という線引きも難《むずか》しいからこそ、実際《じっさい》にはこれ以上の生態系《せいたいけい》の改変は避《さ》けるべきという予防原則《よぼうげんそく》での対応《たいおう》が基本《きほん》になります。

野生動物を相手に「共存《きょうぞん》」はありません。人間が森林や草原を開発すれば、野生動物のすみかは破壊《はかい》されますし、人が減った場所には動物が進出します。人と動物の関係は、そうしたせめぎあいの結果にすぎないのですが、共存《きょうぞん》という言葉はそうした現実《げんじつ》を、あたかも両立しているかのように美化しています。

ツキノワグマへの対応《たいおう》は、特効《とっこう》薬のない病との向き合い方にも似《に》ています。共《きょう》存《ぞん》という言葉にすり替《か》えるのではなく、その都度、問題と向き合い続けるほかないという本質《ほんしつ》を忘《わす》れてはならないでしょう。考えることは、そこから始まります。

どこで折り合いをつけるか

1．駆除《くじょ》もしくは狩猟《しゅりょう》による対策《たいさく》

ツキノワグマの被害《ひがい》に対して、世間は「専門《せんもん》家がなんとかしてくれるだろう」と期待するのですが、クマは知能《ちのう》が高く警戒《けいかい》心も強いだけに、「この対策《たいさく》をとれば被害《ひがい》はなくなる」という切り札はありません。そのなかで、駆除《くじょ》や狩猟《しゅりょう》はツキノワグマの個体数《こたい》を減《へ》らすので、もっとも直接《ちょくせつ》的な対策《たいさく》になります。

個体数《こたい》の多いシカとイノシシは、「指定管理鳥獣《ちょうじゅう》」という、増《ふ》えすぎる動物の数を減《へ》らしていくために駆除《くじょ》や狩猟《しゅりょう》を奨励《しょうれい》する制度《せいど》によって、駆除《くじょ》が進められてきました。一方でツキノワグマに対しては、これまでは保護《ほご》を前提《ぜんてい》にした対応《たいおう》がとられ、有害捕獲《ほかく》はするものの、それ以外では捕獲《ほかく》の数が制限《せいげん》されてきました。それが、イノシシやシカの指定管理鳥獣《ちょうじゅう》の制度《せいど》とは根本的に異《こと》なる点だったのです。

しかし、2023年の大量出没《しゅつぼつ》を受けて、東北地方と新潟県をあわせた6県の知事から国に対して強い要望が出され、2024年2月に、ツキノワグマは指定管理鳥獣《ちょうじゅう》に含《ふく》まれることになりました。法律《ほうりつ》は改正されたばかりなので、今後ツキノワグマをとりまく状況《じょうきょう》がどのように変化していくかという答えは、まだ出ていません。対策《たいさく》を考えていくうえでの注意点については、次章で述《の》べることにします。

2. 狩猟《しゅりょう》以外の対策《たいさく》

ツキノワグマはイノシシやシカに比《くら》べて出産数が少なく、育児期間も長いため、もともと生息している個《こ》体《たい》数が限《かぎ》られる場所で、人里に降りてくる個《こ》体《たい》を片端《かたはし》から駆除《くじょ》していては、減少《げんしょう》がすすみ、健全に繁殖《はんしょく》できる個《こ》体《たい》数を下回りかねません。そこで、近年は駆除《くじょ》以外の選択《せんたく》の幅《はば》も、少し広がってきています。

●捕《ほ》獲《かく》して人里から離《はな》れた場所に放すこと

長野県や兵庫県など一部の県では、捕《ほ》獲《かく》した個《こ》体《たい》を人の生活圏《けん》から離《はな》れた場所に放すことが行われています。もっとも、放した個《こ》体《たい》が再《ふたた》び人身事《じ》故《こ》を起こした場合には行政《ぎょうせい》の責任《せきにん》が追及《ついきゅう》されがちですので、専門《せんもん》家の会議で十分な議論《ぎろん》がなされている県を除《のぞ》けば、この方法は敬遠《けいえん》されがちです。

クマがカキの実を食べるために枝《えだ》を折った跡《あと》

●電気柵《さく》や音を出すロボットで追い払《はら》うこと

電気柵《さく》は、農業被害《ひがい》が毎年起こるような場所で進められている対策《たいさく》です。設置《せっち》にあたっては費用《ひよう》も労力もかさむうえに、農地など限《かぎ》られた範囲《はんい》を囲《かこ》うことしかできないので、あくまで畑の農産物を守ることが目的になります。高い電圧《でんあつ》が流れているので、動物を侵入《しんにゅう》させない効果《こうか》はありますが、クマは地面に穴《あな》を掘《ほ》るなどして抜《ぬ》け道を作る例があります。また、近年では動物が嫌《きら》う超《ちょう》音波を出す機器や、赤外線センサーで反応《はんのう》して音を出すロボットの開発も進んでいますが、いずれにせよ長年使われるものに対しては学習が進むため、定期的な技《ぎ》術《じゅつ》開発が必要になるでしょう。

●カキなど、クマを引き寄《よ》せる木を伐採《ばっさい》してしまうこと

クマは餌《えさ》を求めて出てくるので、その原因《げんいん》を取り除《のぞ》く対策《たいさく》です。カキは、かつて農村では干《ほ》し柿《がき》として冬の間の重要な甘味《かんみ》としてきたほか、柿渋《かきしぶ》を縄や漁網《ぎょもう》などの道具類の補強《ほきょう》に使ってきましたが、現在《げんざい》では一部が収穫《しゅうかく》されるだけで、晩秋《ばんしゅう》

になってもたわわに実ったままの木が残されています。各地で伐採《ばっさい》が進められていますが、住民の思い入れや、お正月に向けて干《ほ》し柿《がき》を作ってきた文化をどこまで残すべきかという線引きが焦点《しょうてん》になります。

●発信機などで行動を調査《ちょうさ》して、住民に情報《じょうほう》を呼《よ》びかけること

長野県軽井沢町《かるいざわまち》で、NPOによって進められている事例です。まず捕獲《ほかく》したツキノワグマに発信機をつけて、その行動範囲《はんい》を把握《はあく》しながら、人間の生活範囲《はんい》に近づきそうになれば、犬を使うなどしてクマを近づけないという対策《たいさく》です。もっとも、多くの人が集まる経済効果《けいざいこうか》の高い地域《ちいき》だからこそ可能《かのう》な対策《たいさく》であって、普《ふ》通《つう》の中山間地域《ちいき》で実施《じっし》することは困難《こんなん》です。

カキの幹《みき》は滑《すべ》りやすいので、木から下りる際《さい》の線状《じょう》の爪跡《つめあと》が残される

第7章　長期的な視点《してん》では、何ができるか

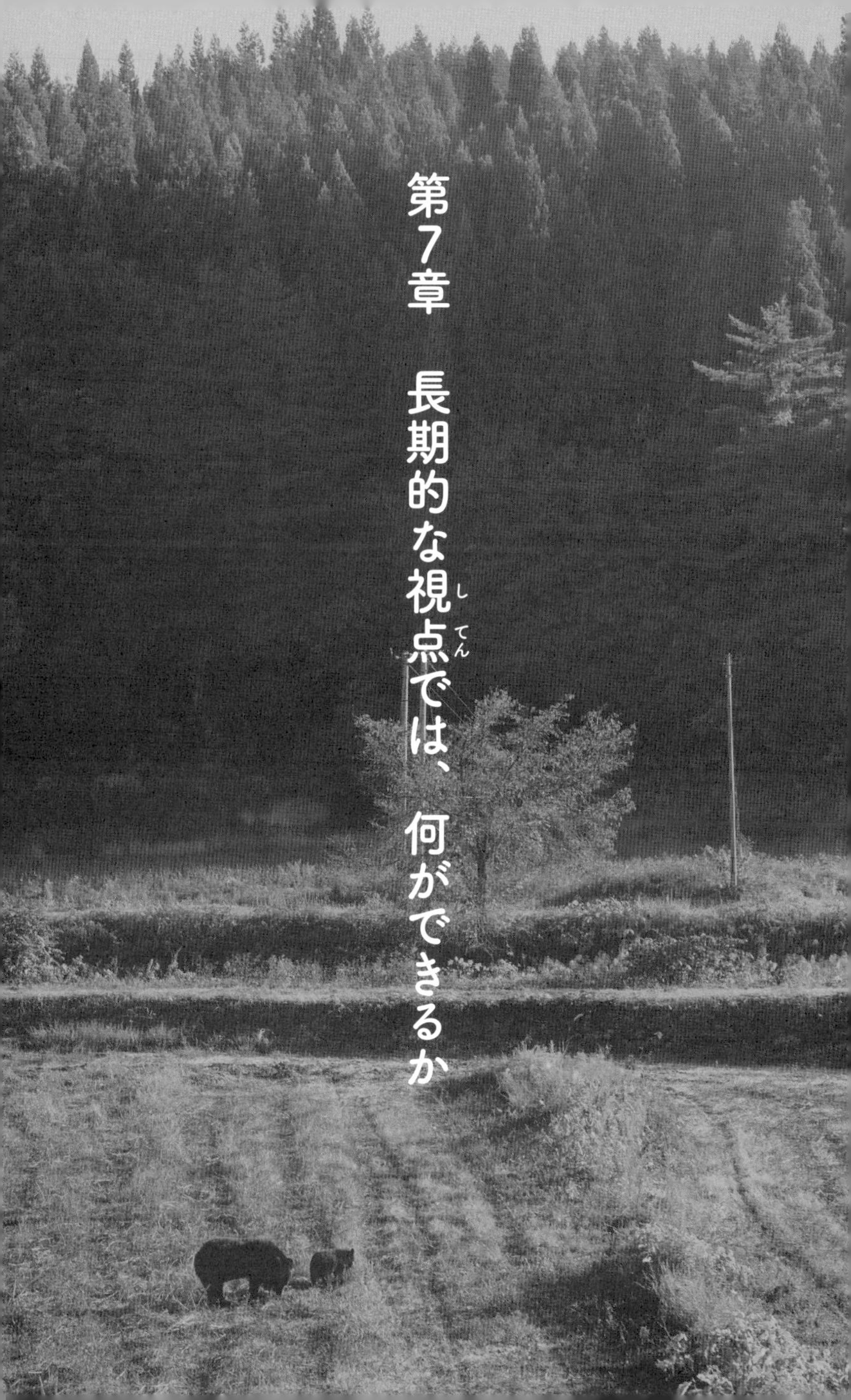

駆除《くじょ》と保全《ほぜん》が同時に必要な理由

前章では、秋田県ではツキノワグマが増《ふ》えていると考えられるということを述《の》べたうえで、駆除《くじょ》は必要だと書きました。ただ、ここから先ではツキノワグマの出没《しゅつぼつ》を抑《おさ》えるためには森林の生物多様性《せいぶつたようせい》を取り戻《もど》し、維持《いじ》してゆくこと、つまり保全《ほぜん》が必要だという話を書いていきます。

増《ふ》えているからクマを駆除《くじょ》すべきと書いたのに、その続きでは自然を守ろうと書く。いったい駆除《くじょ》か保全《ほぜん》かどちらの立場なのか、と戸惑《とまど》う方もあるでしょう。前章までは「目の前の問題をどのように読み解《と》き、どう対応《たいおう》するか」という短期的な視点《してん》で書いてきましたが、ここからは長期的な視点《してん》で書きますので、これまでとは視点《してん》がかなり変わります。

奥山《おくやま》の原生林で、ブナに残されたクマ棚《だな》

駆除《くじょ》だけでは問題の解決《かいけつ》にならない理由のひとつは、ツキノワグマの個体《こたい》数には地域《ちいき》差があることです。秋田県では増《ふ》えている可能《かのう》性《せい》が高いのですが、全国的にみれば九州では絶滅《ぜつめつ》し、四国では徳島県の剣山《つるぎさん》系《けい》にのみ残っており、総個体《そうこたい》数が16～24個体《こたい》と推定《すいてい》されるまでに減少《げんしょう》しています（文献《ぶんけん》4）。東北地方でも、青森県下北《しもきた》半島の個体《こたい》群は、すでに100年存続《そんぞく》するための個体《こたい》数を下回っているとの研究結果があります（文献《ぶんけん》10）。つまり、場面によって、保全《ほぜん》と駆除《くじょ》とを使い分けていく必要があります。

それに、増《ふ》えているはずの場所で、ある年を境《さかい》に個体《こたい》数が急減《きゅうげん》することも、生物の世界では珍《めずら》しいことではありません。

もうひとつの理由は、クマが増《ふ》えたことへの対処《たいしょ》方法が、必ずしも駆除《くじょ》だけではないことです。人里に出てくる機会を減《へ》らすためには、本来の生息地である森林の環境《かんきょう》を改善《かいぜん》して、ツキノワグマに対する環境収容《かんきょうしゅうよう》力を上げていく必要があります。駆除《くじょ》を即効性《そっこうせい》の薬の投与《とうよ》にたとえるならば（短期計画）、森林の環境《かんきょう》を改善《かいぜん》して環境収容《かんきょうしゅうよう》力を上げていくことは、基礎《きそ》体力を回復《かいふく》させて、根本的な解決《かいけつ》につながります（長期計画）。つまり、増《ふ》えているからこそ、根本的な解決《かいけつ》のためには、森林の質《しつ》を高めてゆく対策《たいさく》が必要になるのです。

生物多様性《せいぶつたようせい》は低下している

ツキノワグマが増《ふ》えたと聞けば、自然環境《かんきょう》が豊《ゆた》かになったと受け止める人が多いでしょう。しかし、私《わたし》は昆虫《こんちゅう》と植物の調査《ちょうさ》を続けてきたので、多くの種が絶滅《ぜつめつ》の危機《きき》を迎《むか》えている深刻《しんこく》な現状《げんじょう》を知っています。昆虫《こんちゅう》類をみれば、秋田県と山形県のレッドリストではともに5種がすでに絶滅《ぜつめつ》とされていますが、県全体ではなく地域《ちいき》ごとにみると、絶滅《ぜつめつ》した昆虫《こんちゅう》はさらにたくさんあります。生物多様性《せいぶつたようせい》は低下の一途《いっと》をたどっており、ツキノワグマだけが増《ふ》えても、自然が豊《ゆた》かになったわけではないのです。

ツキノワグマは現在《げんざい》の秋田県では増加《ぞうか》しましたが、将来《しょうらい》的に開発などが続いて生息地である森林の面積が狭《せば》まり続ければ、ツキノワグマに対する環境収容力《かんきょうしゅうようりょく》はますます低下し、人里への出没《しゅつぼつ》は増加《ぞうか》の一途《いっと》をたどる可能性《かのうせい》があります。その流れが続くうちに、どこかで個体《こたい》数が増加《ぞうか》から減少《げんしょう》に転じると、増《ふ》えていたはずのツキノワグマがいつのまにか絶滅《ぜつめつ》に向かっていたという状態《じょうたい》が起こりかねません。

そうした悪循環《じゅんかん》に陥《おちい》らない方法を今のうちから予測《よそく》しておかねばなりません。そのために必要なことは、長期的な土地利用の計画を立ててゆくこと、具体的には将来《しょうらい》にわたって残すべき森林の面積を明らかにしてゆくことです。

確保《かくほ》すべきは森林の「広さ」と「つながり」

森林の面積は、人の土地利用によって増減《ぞうげん》します。たとえばヨーロッパのいくつかの国では、森林に関する法律《ほうりつ》のなかで、木材を利用すべきか生態系《せいたいけい》の質《しつ》を維《い》持《じ》してゆくべきか、それぞれの森林ごとに方針《ほうしん》が定められていますが、日本では天然林と人工林が区別されているだけで、森林の生態系《せいたいけい》をどのような状態《じょうたい》で残してゆくかという計画はありません。それに、民有林の開発には基本的《きほんてき》に制限《せいげん》がありません。つまり開発はこれからも続いてゆくことが前提《ぜんてい》になります。だからこそ、ツキノワグマや多くの動植物のことを調べている人々《ひとびと》が、動物の側からみてどのような質《しつ》の森林をどれだけの面積で残さねばならないかという計画を作り、社会に提案《ていあん》してゆく必要があります。

長期的に、森林をどのように残してゆくべきか。ここで必要な視点《してん》は、以下の

２つです。

１．森の広さ

ツキノワグマの生息環境《かんきょう》は、基本《きほん》的に森林です。オス１個体《こたい》の行動半径が5～10キロメートルであることは知られていますが、ここで重要になるのは１個体《こたい》の生息を保障《ほしょう》することではなく、個体《こたい》群として健全に世代を繰《く》り返してゆける森林面積が必要だという点です。さらに、動植物は少数の個体《こたい》だけで繁殖《はんしょく》を繰《く》り返していると、近交弱性《きんこうじゃくせい》といって、遺伝子《いでんし》の多様性《せい》が失われて絶滅《ぜつめつ》に向かってゆくことが知られています。したがって、生存《せいぞん》に必要な最低限《げん》の数というのは、雌雄《しゆう》が出会って繁殖《はんしょく》できるばかりでなく、遺伝子《いでんし》の多様性《せい》も保《たも》たれる数になります。これは生態《せいたい》学では最小存続《そんぞく》可能《かのう》個体《こたい》数という言葉で表され、ツキノワグマの場合は１００年後までの生息を考えたときに、99％の生存確率《せいぞんかくりつ》のためには２００個体《こたい》が必要と推定《すいてい》した文献《ぶんけん》があります（文献《ぶんけん》10）。なお、最小存続《そんぞく》可能《かのう》個体《こたい》数はあくまで生存《せいぞん》できる最低限《げん》の数で、これが望ましい数というわけではありませんので、「２

00個体《こたい》いれば大丈夫《だいじょうぶ》」という形での都合の良い誤解《ごかい》が独《ひと》り歩きしないよう注意が必要です。

これらを総合《そうごう》したうえで、次に必要になるのは、その200個体《こたい》が生息するためにどれだけの面積の森林が必要かという問題ですが、これには地域《ちいき》差が大きく、統一《とういつ》的な見解《けんかい》は出されていません。東北地方では単位面積あたりの個体《こたい》数が多い一方で、先に挙げた四国の例もあり（文献《ぶんけん》4）、単純《たんじゅん》に面積に応《おう》じて個体《こたい》数が決まるわけではありません。周囲《しゅうい》の個体《こたい》群との連続性《せい》も関係してきます。つまり、200個体《こたい》のツキノワグマの生息のためには何ヘクタールのブナの天然林が必要、ナラ類の二次林であれば何ヘクタールが必要、というような数字は出ていないのです。非常《ひじょう》に難《むずか》しい課題であることは承知《しょうち》なのですが、長期計画を描《えが》くためには単位面積あたりの環境収容《かんきょうしゅうよう》力を地域《ちいき》ごとに明らかにすることが必須《ひっす》ですので、研究の進展《しんてん》が待たれます。

2. 森の連続性《せい》

次に重要な視点《してん》は、森林が周囲《しゅうい》とつながっているかどうかです。ツキノワグマでは、平野で隔《へだ》てられた山どうしでは交流はほとんどない一方で、森林でつながっている山脈《さんみゃく》では個体《こたい》群の交流があることを、遺伝子《いでんし》から推定《すいてい》した研究結果も出されています（文献《ぶんけん》3）。

ツキノワグマは数キロメートルの範囲《はんい》を移動《いどう》しながら暮《く》らしていますが、主要な繁殖《はんしょく》地になっている核心《かくしん》部（コア）と、季節ごとに餌場《えさば》として必要な辺縁《へんえん》部（サテライト）、あるいはスギ林のように生息地にも餌場《えさば》にもならないけれども、日常《にちじょう》的に移動《いどう》するために必要な回廊《かいろう》（コリドー）というように、森林によって、ツキノワグマの生活の全体像《ぞう》（生活史《し》）のなかでの役割《やくわり》は違《ちが》います。辺縁《へんえん》部や回廊《かいろう》は、個別《こべつ》にみれば「あまり重要ではないから開発しても問題ない」と判断《はんだん》されがちなのですが、生活史《し》のなかでは必要なのです。発信機を使ったクマの生態《せいたい》の調査《ちょうさ》がさかんになれば、こうした生活史《し》のなかでの森林の役割《やくわり》も、地域《ちいき》ごとに細かく解明《かいめい》されてゆくでしょう。

不可逆的《ふかぎゃくてき》な開発が森を分断《ぶんだん》する

ツキノワグマの生態《せいたい》については解明《かいめい》されていないことが多いため、現状《げんじょう》では、どれだけの森林面積を残すべきという目標が十分には描《えが》けないと、前項《ぜんこう》で書きました。そのかわりに、いま向き合わねばならない課題に触《ふ》れておきます。それは、将来《しょうらい》に向けて森林をこれ以上分断《ぶんだん》させることがないよう、不可逆的《ふかぎゃくてき》な土地利用にはブレーキをかけなければならないことです。

不可逆的《ふかぎゃくてき》とは、元に戻《もど》らないこと。どのようなものか、例を挙げた説明が必要でしょう。

たとえばコナラやホオノキなどの雑木林《ぞうきりん》を伐《き》って、薪《まき》として利用したとしても、そのまま放置するならば、切り株《かぶ》からすぐに芽が出て、約30年で元の雑木林《ぞうき》に戻《もど》ります。広大な場所をいちどに伐《き》るのでなく、毎年交代で伐《き》っていけば、生物多《せいぶつた》様性《ようせい》は維持《いじ》されます。山が生活の舞台《ぶたい》だった1960年代までは、日々《ひび》の燃料《ねんりょう》である薪《まき》を得《え》るための森は不可欠《ふかけつ》なものでしたから、むやみに開発するわけにはいかず、森林は大面積で残されてきました。

一方、太陽光発電のように、木を伐《き》ったうえにブルドーザーなどの重機で造成《ぞうせい》してしまうと、表土とともに、下草も土のなかに眠《ねむ》っている植物の種子も土壌《どじょう》動物もすべて失われます。そうなると、たとえ利用をやめたとしても、荒《あ》れ地の植物は生えてゆくでしょうが、腐葉《ふよう》土ができるまでには時間がかかりますし、寄《き》生《せい》・共生関係にある植物などは失われると二度と生えず、生物多様性《せいぶつたようせい》は元には戻《もど》りません。失われた生態系《せいたいけい》が元に戻《もど》らないこと、これを、私《わたし》は不可逆的《ふかぎゃくてき》な開発と呼《よ》んでいます。利便性《りべんせい》の向上とともに山林が不要になった結果、こうした大規模《だいきぼ》な開発が増《ふ》えました。

しっかりと踏《ふ》みしめられた道は、かつて山が人々《ひとびと》の生活の場であったことを物語る

つまり、木を伐《き》るだけなら決して自然破壊《はかい》ではなく、伐《き》り方さえ間違《まちが》わなければ、生物多様性《せいぶつたようせい》は維持《いじ》されていきます。将来《しょうらい》のことを考えるならば、元に戻《もど》らない不可逆的《ふかぎゃくてき》な開発によって森が分断《ぶんだん》されてゆくことは、避《さ》けるほうがいいのです。

社会が乗り越《こ》えるべき壁《かべ》

最後に、さらに異《こと》なる視点《してん》から、社会が進むべき方向性《せい》にも触《ふ》れておきましょう。

ツキノワグマの対策《たいさく》は、現状《げんじょう》では行政《ぎょうせい》が担《にな》っています。国・都道府県・市町村が、それぞれ分業体制《たいせい》で、個体《こたい》数の調査《ちょうさ》も、有害駆除《くじょ》への対応《たいおう》も、そして保全《ほぜん》に関する判断《はんだん》もしています。専門《せんもん》的な判断《はんだん》が必要な部分については、その都度有識《ゆうしき》者を交えた会議が開かれ、そこには大学や研究機関の研究者、それに民間の自然保護《ほご》団体《だんたい》も加わっています。

こうしてさまざまな立場の人が加わり、知恵《ちえ》を出し合って対策《たいさく》を進めていると書けば聞こえはよいのですが、大きな落とし穴《あな》があります。ツキノワグマを調べている人は人数が少なく、全員がひとつの判断《はんだん》に加わっていることから、異《こと》なる意見が出ない構造《こうぞう》になっているのです。

もちろん、さまざまな政策《せいさく》は、専門《せんもん》家が多くの研究成果を参照しながら、その時点での最良のものが作られています。ただ、判断《はんだん》の際《さい》にはどうしても「予算が限《かぎ》られるから、できる範囲《はんい》で」というようにさまざまな条件《じょうけん》が課せられるので、妥協《だきょう》案になる場面が多く、組織《そしき》や立場を守る判断《はんだん》にも傾《かたむ》きがちです。関係者はたとえ個人《こじん》的には異論《いろん》があったとしても、会議で決定したことには従《したが》わなければなりません。

こうした場面では、独立《どくりつ》した立場で内容《ないよう》をチェックできる立場の人や機関があることが、健全な社会のあり方です。たとえばヨーロッパ諸国《しょこく》では、民間の環境《かんきょう》保全団体《ほぜんだんたい》が専門性《せんもんせい》をもつ研究者を雇用《こよう》して、調査《ちょうさ》研究を進めています。さまざまな保全《はぜん》活動を進めると同時に政策提言《せいさくていげん》も行い、社会のしくみを変えてゆくことにも取り組んでいます。こうした団体《だんたい》は、民間企業《きぎょう》からの寄付《きふ》金で成り立っていますので、行政《ぎょうせい》とは一線を画した第三者の立場として、行政《ぎょうせい》が進める施策《しさく》の監視《かんし》の役割《やくわり》も果たしています。

日本では民間の環境保全団体《かんきょうほぜんだんたい》の規模《きぼ》がまだ小さく、この部分が弱いのですが、逆《ぎゃく》にいえば、今後の伸《の》びしろがある部分だともいえます。クマを研究できる職業《しょくぎょう》が少ないことを嘆《なげ》くよりも、環境保全団体《かんきょうほぜんだんたい》がその枠《わく》を作り、増《ふ》やす方向に向かえばいいのです。

そのためには、さらに乗り越《こ》えなければならない課題があります。そのひとつが、保全《はぜん》と愛護《あいご》を切り分けることでしょう。2023年のツキノワグマの大量出没《しゅつぼつ》時には、「クマを殺《ころ》さないで」という意見が自治体に寄《よ》せられることが、繰《く》り返し報《ほう》じられましたし、そうした動物愛護《あいご》に対する批判《ひはん》的な声もまたあふれていました。感情《かんじょう》は社会を動かす原動力ですが、保全《ほぜん》は感情《かんじょう》とは切り離《はな》して、データを分析《ぶんせき》しながら進める必要があります。

近年ではツキノワグマに特化して豊富《ほうふ》な会員数や資金《しきん》力をもつ団体《だんたい》が、全国でさまざまな活動を展開《てんかい》しています。いくつもの保全団体《ほぜんだんたい》が大きくなることで、民間側での調査《ちょうさ》研究や社会運動が活発になってゆけば、意見が活発に交わされる社会になってゆくでしょう。そうなれば、ツキノワグマに関するさまざまな政策《せいさく》もずっと進めやすくなるはずです。

［参考文献］

1―秋田県、2022．秋田県第二種特定鳥獣管理計画（第5次ツキノワグマ）本文・資料編．オンライン公開．
2―鵜野レイナ・東英生・玉手英利、2009．親子判定で明らかになったツキノワグマ幼獣の単独行動．哺乳類科学49（2）：217－223．
3―Reina Uno et.al., 2015. Population genetic structure of the Asian black bear (*Ursus thibetanus*) within and across management units in northern Japan. Mammal Study (40)4 : 231–244.
4―鵜野－小野寺レイナほか、2019．四国で捕獲されたツキノワグマの血縁関係と繁殖履歴．保全生態学研究24（1）：61－69．
5―草刈広一、2008．東北の森を歩く．季刊東北学（14）：88－97．
6―草刈広一・金野伸、2014．小国マタギ―雪崩地形を舞台とした伝統的春グマ猟の継承．日本の科学者49（4）：6－11．
7―今野敏雄・山下市五郎・鈴木秀伸、1969．スギ林分におけるクマの被害について．森林防疫18（10）：192－195．
8―斉藤正一、1995．ツキノワグマによるスギ剥皮害発生林分の立地環境と林分構造について．日林東北支誌（47）：93－95．
9―永幡嘉之・鵜野－小野寺レイナ、2024．ツキノワグマに起こっていること．科学94（1）：7－13．
10―三浦慎悟・堀野眞一、1999．ツキノワグマは何頭以上いなければならないか．生物科学51（4）：225－238．

あとがき

ツキノワグマに何が起こっているのかを考えてきた過程《かてい》は、私自身《わたし》がツキノワグマの生活を理解《りかい》してゆく過程《かてい》でもありました。執筆《しっぴつ》にあたり、多くの方からさまざまなことを教わりました。それぞれ本文にお名前を出すことで、どなたから教わった情報《じょうほう》なのかを明記しました。また、クマについての直接《ちょくせつ》のことではないけれども、農作業の合間に手をとめて、山でのさまざまな生活を教えてくださった方々《かたがた》から、間接《かんせつ》的に多くのご教示《きょうじ》をいただいてきたことへの感謝《かんしゃ》を忘《わす》れてはならないと思っています。

ご高齢《こうれい》だった前田武《たけし》さんは、数年前に逝去《せいきょ》されました。子どもの頃《ころ》から山を歩き、山を熟知《じゅくち》し、民俗知《みんぞくち》を継承《けいしょう》してこられた世代の方が、ひとりずつ去っていかれることは、寂《さび》しいことです。

渡邉《わたなべ》颯太《そうた》君と鵜野《うの》レイナさんには執筆《しっぴつ》の過程《かてい》でも相談相手になっていただき、

ひととおり書き上げた段階《だんかい》で、草刈《くさかり》広一さんから多くの重要なご教示《きょうじ》をいただきました。

クマによる農業被害《ひがい》についての照会は、上小阿仁村《かみこあにむら》役場産業課の佐藤悠也《さとうゆうや》さんと、秋田県水田総合《そうごう》利用課の鈴木雄也《すずきゆうや》さんが対応《たいおう》してくださり、そしてクマ剥《は》ぎによる林業被害《ひがい》については、山形県農林大学校の古澤優佳《ふるさわゆか》さんと大築和彦《おおつきかずひこ》さんから文献《ぶんけん》を教えていただきました。ここに謝意《しゃい》を表します。

ところで、ツキノワグマの探索《たんさく》は今年も続けています。秋田県ではお盆《ぼん》のころから水田でコメを食べた跡《あと》が目にとまりはじめましたが、増《ふ》えていきませんでした。イネの味は覚えているものの、周囲《しゅうい》に餌《えさ》がある状態《じょうたい》では、連日出てきて食べるほどではないようです。

通い続けている山形県小国町《おぐにまち》では、クマがミズキやウワミズザクラを食べた跡《あと》を記録し続けています。7月下旬《げじゅん》には各地でツキノワグマがウワミズザクラを食べていましたが、8月10日頃《ころ》にはほとんどの場所で痕跡《こんせき》がなくなり、より山の奥《おく》に移動《いどう》したのではないかと考えています。ただ、農村の近くで生活しているツキノワグマは確《たし》かにいます。ある集落のまわりでは、8月に入っても田畑のまわりにあるスモモの枝《えだ》が折られ続けています。が、日中には決して姿《すがた》を見せず、騒《さわ》ぎも起こっていません。

9月に入り、あと1ヶ月でソバの実が大きくなります。ブナやミズナラの実がそれなりに結実している年にも、ソバの畑に出てくるかどうかをしっかり調べねばと思います。

新しいことが分かり続けていくことは楽しく、一方で、人間社会との折り合いをつけねばならない局面では悩《なや》む。これからも、そうした日々《ひび》が続きます。

2024年9月

永《なが》幡《はた》嘉《よし》之《ゆき》

［章扉《しょうとびら》の写真説明］

1章　朝靄《あさもや》のなかソバの実を食べるクマの親子

2章　ブナ林のなかに続く山道をたどる

3章　人の気配を感じてさかんに匂《にお》いを嗅《か》ぐツキノワグマ

4章　雪崩《なだれ》地形の急斜面《きゅうしゃめん》のブナにツキノワグマの黒い影《かげ》が見える（右下）

5章　水田でイネを食べていたツキノワグマ

6章　民家の脇《わき》でクリを食べていた仔《こ》グマ。親はおそらく捕獲《ほかく》されたのだろう

7章　ソバの畑で日中にも餌《えさ》を食べ続けるクマの親子

［著者紹介］

永幡嘉之（ながはた・よしゆき）

自然写真家・著述家。1973年兵庫県生まれ、信州大学大学院農学研究科修了。山形県を拠点に動植物の調査・撮影を行う。ライフワークは世界のブナの森の動植物を調べることと、里山の歴史を読み解くこと。里山の自然環境や文化を次世代に残すことに、長年取り組む。著書に『里山危機』（岩波ブックレット、2021年）、『大津波のあとの生きものたち』（少年写真新聞社、2015年）、『巨大津波は生態系をどう変えたか』（講談社、2012年）など。

クマはなぜ人里に出てきたのか

二〇二四年一〇月一五日初版第一刷発行

著者……永幡嘉之（文・写真）
ブックデザイン……宮脇宗平
編集担当……川嶋みく
発行者……木内洋育
発行所……株式会社旬報社
〒一六二-〇〇四一
東京都新宿区早稲田鶴巻町五四四 中川ビル4F
TEL 03-5579-8973 FAX 03-5579-8975
ホームページ https://www.junposha.com/
印刷・製本……精文堂印刷株式会社

ISBN978-4-8451-1953-0